精细化工专业新工科系列教材

精细化工专业实验教程

EXPERIMENTS IN FINE CHEMICALS

邹刚　王巧纯　武文俊　主编

U0231462

化学工业出版社

·北京·

内 容 简 介

　　《精细化工专业实验教程》是基于华东理工大学精细化工研究所各科研小组的教学、科研和实践经验，结合精细化工新工科专业人才培养要求编写而成。精细化学品类繁多且更新迭代快，而各类精细化学品的制造技术却有显著共性，本书以精细化工共性技术为主线，以典型实验为抓手，系统介绍相关技术的基本特征、适用范围和发展趋势等理论知识和实验过程。全书分为七章，分别为精细化工实验室规范、精细化工专业实验基础、精细有机化学品分离技术、精细有机化学品合成技术、精细化学产品配方及制剂、绿色化学化工技术和先进精细化工技术等。

　　本书可作为高校精细化工及相关领域高年级本科生和研究生的教材，亦可供精细化工、化学、医药、轻工等领域科技人员阅读和参考。

图书在版编目（CIP）数据

　　精细化工专业实验教程/邹刚，王巧纯，武文俊主编. —北京：化学工业出版社，2021.8（2025.1 重印）
　　精细化工专业新工科系列教材
　　ISBN 978-7-122-39231-2

　　Ⅰ.①精…　Ⅱ.①邹…　②王…　③武…　Ⅲ.①精细化工–化学实验–高等学校–教材　Ⅳ.①TQ062-33

　　中国版本图书馆 CIP 数据核字（2021）第 101821 号

责任编辑：任睿婷　徐雅妮　　　　　　　　　　　　装帧设计：李子姮
责任校对：王　静

出版发行：化学工业出版社（北京市东城区青年湖南街 13 号　邮政编码 100011）
印　　装：北京盛通数码印刷有限公司
787mm×1092mm　1/16　印张 9½　彩插 1　字数 220 千字　　2025 年 1 月北京第 1 版第 2 次印刷

购书咨询：010-64518888　　　　　　　　　　　　售后服务：010-64518899
网　　址：http://www.cip.com.cn
凡购买本书，如有缺损质量问题，本社销售中心负责调换。

定　　价：33.00 元

前　言

精细化工专业实验是精细化工专业本科生的专业必修课，是精细化工新工科专业人才培养课程体系中不可或缺的组成部分，为精细化学品合成化学、助剂化学、绿色化学化工和制剂工程相关理论课程提供实验支撑。精细化工专业实验的教学目的是对已经掌握基础化学实验技能的本专业高年级本科生进行专业和综合实验操作技能训练，培养学生根据任务目标和要求，理论联系实际，合理选择先进的技术、设备和方案，解决实际问题的能力，以及实事求是、科学严谨、勇于创新的学术素养。

与传统的精细化工专业实验教材围绕精细化工合成单元反应和各类精细化学品的制备进行实验操作技能培训不同，本书的特色是以精细化工共性技术为主线，以典型实验为抓手，系统介绍相关技术的基本特征、适用范围和发展趋势等理论知识和实验过程，不仅提供实验技能训练，更注重培养学生紧跟技术发展与迭代步伐，并学会适时合理地选择应用新技术的能力。

本书内容主要分为精细化工实验室规范、精细化工专业实验基础、精细有机化学品分离技术、精细有机化学品合成技术、精细化学产品配方及制剂、绿色化学化工技术和先进精细化工技术等七部分，借鉴原《精细化工专业实验》和兄弟院校的同类教材，结合精细化学品合成技术最新进展编写而成。全书由邹刚、王巧纯和武文俊主编，其中很大一部分内容源于华东理工大学精细化工研究所各科研小组的科研和实践经验，例如陈锋教授、王成云教授、薛仲华教授、伍新燕教授、赵平副教授、施炜佳博士等分别贡献了光化学技术与功能材料、洗涤剂复配制剂、不对称催化技术、有机化工分离技术和力化学反应技术等内容。本书可作为高校精细化工及相关领域高年级本科生和研究生的实验教材，亦可供精细化工、化学、医药、轻工等领域科技人员阅读和参考。

由于编者的水平和精力有限，书中难免存在疏漏和欠缺，期望读者和专家给予指正。

编　者

2021年3月

目　录

第1章　精细化工实验室规范

1.1　实验室守则

为了保证实验能安全、顺利地进行，进入实验室必须遵守实验室守则。

① 安全第一。时刻注意实验室安全，了解实验室的安全常识、注意事项及有关规定，熟悉安全设施及使用方法。不得将食物、饮品、玩具等与实验无关的物品带进实验室。

② 进入实验室后，首先要了解实验室水、电、燃气等开关的位置及急救药箱、消防器材放置的位置和使用方法。

③ 实验前按规定穿着实验服、佩戴防护眼镜等防护装备。

④ 实验室内应保持安静，不得喧哗、打闹，不得在实验室内听广播、音乐或从事与实验无关的活动。

⑤ 培养良好的科学素养。每次实验前，要认真预习有关实验内容，熟悉有关理论知识，明确实验目的和要求，了解实验的基本原理、内容和方法，并写好实验预习报告。

⑥ 实验时思想要集中，操作要认真，不得擅自离开，要科学安排好时间，按时完成实验。

⑦ 实验时保持桌面、地面、水槽整洁，垃圾不乱扔，化学废物按规定收集、处置，严禁倒入水槽或垃圾桶。

⑧ 实验过程中，应仔细观察实验现象，如实记录实验现象和有关数据，养成及时做实验记录的习惯。

⑨ 如果发生意外，要镇定，果断采取应急措施。

⑩ 实验结束后，把实验记录交指导老师审阅，及时将玻璃仪器洗净放好，把实验台打扫干净，将公用仪器、药品放回原位。

⑪ 值日生打扫完毕离开实验室时，应检查实验室的水、电、燃气是否关闭，并关好门窗。

1.2　科学实验学术规范

科学实验要态度端正，客观诚实，遵守操作规则，尊重他人贡献，养成良好的科学素养。实验中的数据直接关系结果，要从源头上做好数据记录，做到真实、完整、及时。

① 应保证获得数据的客观真实性，不能有任何主观或虚构的成分。

② 要确保收集实验数据的完整性，不能选择性取舍。

③ 不能因为任何原因，对原始数据进行人为加工或篡改。

④ 数据记录应当与数据的获得同步，不能写回忆录，对原始数据要妥善保存。

⑤ 不得删除或覆盖实验记录，改正错误记录时应该保证原错误描述清晰可见；修改处应该签名，并标明修改时间。

⑥ 对于失败的实验，应分析查找原因，并尽可能补做。

1.3 实验记录与报告

实验记录是第一手资料。实验时除认真操作、仔细观察、积极思考外，还应及时、简明扼要地将观察到的实验现象及测得的各种数据如实地记录在记录本上，并且所有记录要清晰可辨，易于长期保存。

实验报告是对整个实验过程和结果的整理、归纳、分析和总结，是把对实验的感性认识提高到理性思维的必要一步，因此必须认真撰写。实验报告的内容一般包括：

一、实验目的

把实验目的完整具体地写清楚，便于分析总结时作对照。

二、实验原理

把主、副反应方程式与反应机理写出来，必要时加以文字说明。

三、主要仪器和试剂

列出主要仪器和试剂的规格、型号、厂家，单位术语要规范统一。

四、实验步骤及装置图

写明主要实验步骤，画出装置图，列出主要的实验现象和记录的数据。

五、结果分析及数据处理

对实验操作、现象进行分析讨论，整理数据并分析归纳实验结果。

六、总结和思考

对实验进行整体总结和举一反三。

1.4 实验室常见事故预防与处理

化学实验是一类危险性较大的实验，事故发生频率较高。为了预防和减少实验事故，并在发生事故时及时正确地处理，尽可能地减轻其危害，必须对常见事故的发生原因、预防办法及处置措施有所了解。

（1）着火

精细化工实验室中最常使用的溶剂和试剂等有机化合物绝大部分是可燃的，大部分是易燃品且具有较大挥发性。同时，实验室中又经常使用加热装置，各种电器的使用也会产生电火花，因此着火是发生频率最高的事故之一。但是只要熟悉所用药品的性能、重视实验安全、集中注意力、严格按规程操作，着火事故是可以预防的。

为了预防实验中可能发生的着火事故，在实验前必须对所用试剂、溶剂等有尽可能详尽的了解。一般情况下，化合物闪点越低，越容易燃烧。如果沸点也较低（挥发性大），在使用时更应加倍小心。在实验中严格按规程操作是减少事故的最大保障。保持实验室良好的通风，防止可燃蒸气的聚集也是必不可少的。

实验室常见的着火情况有：①在烧杯或蒸发皿等敞口容器中加热有机液体时，可燃的蒸气遇明火引起燃烧；②回流或蒸馏操作中未加沸石，引起暴沸，液体冲至瓶外被明火点燃；③直接用明火加热装有有机液体的烧瓶，烧瓶破裂，液体漏出并被点燃；④在倾倒或量取有机液体时将液体洒至瓶外并被明火点燃；⑤盛放有机液体的瓶子长时间不加盖，蒸气不断挥发出来，如其密度比空气大，会下沉流动聚集在地面低洼处，遇到火花或明火等引起燃烧；⑥将废液等倒入废液桶后，其蒸气大量挥发，被明火点燃；⑦在使用金属钠、氢化钠、氢化铝锂等能与水剧烈反应生成易燃气体的药品时，药品接触水或潮湿的台面、抹布等引起燃烧。

如果发生了着火燃烧事故，千万不可惊慌失措。在火势较小、处于可控阶段时，可根据不同情况作不同处置。例如：立即关掉燃气开关，切断电源；移开火焰周围的可燃物品；若是热溶剂挥发出的蒸气在瓶口处燃烧，可用抹布等盖熄；若洒出的液体燃烧，可用防火沙、湿抹布或石棉布盖熄。如果火势较大，则需用灭火器喷熄；若可燃液体溅在衣服上并引起燃烧，应立即脱下衣服，或就地躺倒滚动将火压熄，切不可带火奔跑，以免火势扩大。

实验室内灭火时应注意：①一般不可用水去灭火，因为有机物会浮在水面上继续燃烧并随水的流动迅速扩散。但当着火的有机物极易溶于水，且火势不大时可用水灭火。②用灭火器灭火时应从火焰的四周向中心扑灭，且电器着火时不可用泡沫灭火器灭火。③金属钾、钠造成的着火事故不可用灭火器扑灭，更不能用水，只能用干沙或石棉布盖熄。若无干沙或石棉布，也可将实验室常用的碳酸钠或碳酸氢钠固体倒在火焰上灭火。

（2）爆炸

爆炸事故的发生率远低于着火，但一旦发生，危害往往十分严重。所以有爆炸危险性的实验应在专门的防爆设施中进行，操作人员必须戴上防爆面罩。一般情况下不允许一个人单独在实验室里做实验，以免发生事故时无人救援。如果爆炸事故已经发生，应立即将受伤人员撤离现场，并迅速清理爆炸现场以防引发着火、中毒等次生事故。如果已经引发了其他事故，则按相应的方法处置，并及时撤离人员。精细化工实验中常见的爆炸事故及其发生原因和预防办法如下。

① 爆燃。易燃气体或易燃液体的蒸气与空气混合，在一定浓度范围内遇明火即发生爆炸，这个浓度范围就是该气体或液体的爆炸极限。例如乙醚的爆炸极限为 $1.85\% \sim 48\%$，在此浓度范围内遇明火会爆炸，而超过该浓度时被明火点燃可平静地燃烧，低于该浓度时不能被明火点燃，也不会爆炸。一般来说，爆炸极限越宽，爆炸的危险就越大。所以在使用氢气、乙炔、环氧乙烷、乙醚等易爆气体或液体时，必须熄灭附近的明火，杜绝电火花的产生并保持室内空气流通。

② 在密闭系统中进行放热反应或加热液体而发生爆炸。凡需要加热或进行放热反应的装置一般都不可密封。

③ 减压蒸馏时若使用锥形瓶或平底烧瓶作接收瓶或蒸馏瓶，因其平底处不能承受较大的负压可能发生爆裂。故减压蒸馏时只允许用圆底瓶、尖底瓶或梨形瓶作接收瓶和蒸馏瓶。

④ 乙醚、四氢呋喃、二氧六环、共轭多烯等化合物，久置后会产生一定量的过氧化物。

在对这些物质进行蒸馏时，过氧化物被浓缩，达到一定浓度时会发生爆炸。故在蒸馏这些物质之前一定要检验并除去其中的过氧化物，而且不允许完全蒸干。

⑤ 高氯酸盐、叠氮化合物在受到金属摩擦或撞击时会爆炸，不得使用金属器具取用，且要妥善存放；重氮盐在干燥时易发生爆炸，一般现做现用，如确需作短期存放，应保持潮湿。金属钾、钠遇水时会发生爆炸，在使用时必须避免接触水、湿抹布或湿的仪器、台面等；高浓度过氧化物等在高温或遇到较强还原剂时会因剧烈反应而爆炸。

（3）中毒

实验室许多化学药品都有毒性。所谓毒性，主要表现为有机体结构及功能的改变。毒性的概念并不是绝对的，人体中毒的程度取决于许多相互影响的因素，特别重要的是毒物的种类、数量、作用的方式（如吸入、吞咽、皮肤渗入等）、毒物的物理状态和起增效或附加作用的任何物质的存在。毒害作用又可分为急性毒性和慢性毒性。急性毒性是药品一次进入人体后短时间引起的中毒现象。急性中毒最常用的测量尺度是半致死量，即 LD_{50}，是将毒物溶解于水或油里，经静脉、皮下或腹腔给药 30 天得到。在一般情况下 LD_{50} 是对实验动物如大白鼠和小白鼠进行试验得到的数据，对了解各种化学品对人的相对毒害程度具有参考价值。

1.5　实验室一般急救措施

实验室人员受伤时，现场采用一些急救措施，不仅可以减轻伤害，也可为就医争取时间。

（1）眼睛的急救

眼睛对化学品等异物十分敏感，易于受伤且难以康复，应特别注意对眼睛的保护。因此进入实验室应全程佩戴合格的防护眼镜。一旦有化学品进入眼内，应立即使用洗眼器等设施进行彻底冲洗。如有不适或损伤要及时就医。如果玻璃屑等尖锐异物不慎进入眼睛，不要用手搓揉，且尽量不要转动眼球，可任其流泪，并立即就医。

（2）烧灼伤

腐蚀性化学品对皮肤有化学烧灼伤作用。一旦腐蚀性化学品或不明性质化学品接触皮肤，应立刻用大量水充分冲洗患处。对难以用水彻底清洗的有机化合物灼伤，水冲洗后可以用乙醇擦去残留的有机物；酸灼伤，先用大量水冲洗，再用碳酸氢钠溶液或稀氨水擦洗，最后用水洗；碱灼伤，先用大量水冲洗，再用 1%硼酸或 2%乙酸溶液擦洗，最后用水洗。

如果被火烧伤，立即用冷水冲洗。轻度的火烧伤，用冰水冲洗是有效的急救方法。当皮肤受到较大面积的伤害时，用冷水冲洗后，可用洁净纱布覆盖伤处防止感染，并立即送医。

（3）割伤

小的割伤，应先将伤口处的异物取出，尽量让血流出，用水洗净伤口，再贴上创可贴，或用医用酒精消毒，医用纱布包扎。

若发生严重割伤，出血较多，简单包扎不能止血，必须压住或扎住动脉，减缓血液流出，并立即送医。

（4）烫伤

一旦发生火焰、蒸汽、高温物体烫伤，立即将伤处用大量水冲洗或浸泡，以迅速降温避免深度烧伤。对轻微烫伤，可在伤处涂烫伤油膏。严重烫伤必须送医院治疗。

（5）中毒紧急处理

在实验中如感到呼吸不适，出现咽喉灼痛、嘴巴发绀、胃部痉挛或恶心呕吐、心悸、头晕症状，应考虑按中毒处理。因吸入化学品引起中毒或疑似中毒时，应立即到通风处休息，并及时就医。因经口引起中毒时，可饮 1%左右的温食盐水，并触及咽后部（把手指放在嘴中）呕吐。误食碱者，先喝大量水再喝些牛奶。误食酸者，先喝水，服氢氧化镁乳剂，再喝些牛奶。重金属盐中毒者，可喝一杯含有几克硫酸镁的水溶液。所有中毒或疑似中毒的人员在应急处理后，立即就医。

1.6 实验废弃物的收集、回收与处置

所有实验过程产生的化学废液、固体废物及废弃空瓶等应当根据学校安全环保部门相关规定分类收集、回收或处置。

① 严禁向下水道倾倒或在公共场所丢弃实验废物和被污染的生活废物。

② 实验废弃物与污染物严禁与生活垃圾混放。应按照成分特性收集在指定容器中，特别是不得混放互相作用的废弃物，并确保容器不渗漏、不溢出。对少量酸碱废液，应在收集后中和存放。

③ 实验室的废弃物、废液桶装满 2/3 后，应报告实验老师，增加容器。

④ 化学试剂用完后，空瓶应视化学试剂的性质区别处理。对危害性、污染性较强的空瓶应进行适当清洗，废液集中收集至实验室废液桶内；清洗干净的空瓶分类存放于指定区域。回收空瓶应经过清洗、无残液。

第2章 精细化工专业实验基础

2.1 常用仪器设备

为了顺利、有效地进行实验，实验室需要配备仪器和设备，如玻璃仪器、金属用具、电器及一些其他设备。了解实验所用仪器的性能、正确的使用方法及如何保养，是实验者应具备的基本知识。精细化工专业实验大部分基础仪器设备，如烧瓶等玻璃仪器、铁架台等常用的金属用具、烘箱等常用电器与设备、各类天平等称量仪器，以及真空泵、旋转蒸发仪等与一般有机化学实验室使用的相同，在此不再赘述。

不同于一般的有机化学微量实验，精细化工专业实验投料量可能较大，对体系的混合、传热和传质有较高要求，因此选择合适的搅拌设备十分关键。特别是在非均相反应中，为了使反应混合物充分接触，良好的搅拌是关键；而在配方实验中，一般体系黏度较大，均匀混合更是主要通过搅拌来实现。

精细化工专业实验室常用的搅拌方式可以分为三种：手动搅拌、电磁搅拌和机械搅拌。手动搅拌仅适用于短时、简单混合。需较长时间搅拌的实验一般使用电动搅拌：电磁搅拌和机械搅拌。

电磁搅拌器在有机实验室也普遍采用，使用方便、噪声小、调速平稳，但搅拌力有限。电磁搅拌是以电动机带动磁铁旋转，磁铁再控制磁搅拌棒旋转，因此依据容器的大小、形状和体系黏稠度选择合适的磁搅拌棒十分关键。但是磁搅拌棒的选择一般还是采用试错法，即根据容器形状、体积和体系黏度凭经验选择不同的磁搅拌棒，配合搅拌速度，能达到平稳、有效混合即可。如果不能达到预期混合效果，则可随时更换，但不能同时使用两个或两个以上的磁搅拌棒，否则会相互干扰，效果更差。电磁搅拌一般用于500mL以下的容器，且仅对稀溶液或稀悬浮液体系适用。

在反应体系体积较大、黏度高或者固含量较大等电磁搅拌不能很好工作的情况下，需要使用机械搅拌。机械搅拌器又可以分为适用于稀溶液的小直径高转速搅拌器和适用于高黏度体系的大直径低转速搅拌器。一般而言，对于低黏度体系，搅拌速度越快，混合效果越好；而对于高黏度体系则不然，除需要一个适当的搅拌速度外，更重要的是搅拌器与容器的匹配性。

总体而言，搅拌器的选择以经验和试错为主，且应该在反应前确定好，尽量避免在反应中途更换搅拌器。

2.2 常用溶剂的纯化与处理

商品溶剂往往含有水和一些生产过程中带来的杂质。分析纯溶剂的纯化主要是除去水和存储过程中分解产生的杂质。常规纯化处理溶剂一般采用化学方法除水和蒸馏除杂，使用Schlenk（希莱克）溶剂处理系统比较方便。没有Schlenk溶剂处理系统的，可搭建惰性气体保护的无水无氧回流/蒸馏装置，效果类似，常用有机溶剂的纯化参见附录 1。

2.3 常用分析检测技术

精细化工中分析检测的主要目的是：①通过化学和物理手段对反应进程和物料分布进行跟踪、分析和调控，使反应以尽可能沿预定的路线，生成目标产品；②对使用的原料、辅剂以及所获得产品的组成、纯度或结构进行确认。精细化工分析检测技术手段主要可以分为物理性质分析、化学分析、色谱分析和波谱分析等。物理性质分析是指对待测样物理性质的考察，包括物态、颜色、气味等基本物理性质的定性辨识和确认，以及对物质熔点、沸点、密度、折射率和比旋光度等物理常数的定量测定。化学分析包括元素分析、官能团定性分析、酸碱性分析，以及在水、5%HCl（aq.）、5%NaOH（aq.）、NaHCO$_3$（aq.）、浓硫酸、苯和乙醚中的溶度试验（类别鉴定）。常见的 C、H、N 元素及金属元素分析基本都已实现仪器自动化测定，下面简要介绍官能团分析、水分分析、色谱分析和波谱分析。

2.3.1 官能团分析

有机化合物的官能团指其分子中能反映该化合物主要理化特性的原子团。官能团化学定性和定量分析是根据每类官能团的特征化学反应进行的。官能团化学定性鉴定使用的反应必须具备一定的条件。首先，该反应必须有显著的可观测的现象产生，如颜色和温度变化、沉淀出现、特殊气味产生、气体放出等。其次，该反应一般需要有比较强的专一性，以防止由于样品中共存成分的干扰而得出错误的结论。另外，还需反应速率快而且操作方便。

（1）烯/炔基的测定

烯烃和炔烃结构中的双键和三键可以与卤素或氢气进行特征加成反应，与高锰酸钾有特征的氧化还原反应，因此可以作为烯/炔基官能团分析的基础。其中，绝大多数烯烃化合物可以和溴发生亲电加成，且颜色变化明显，易于观察。反应一般在四氯化碳溶液中进行，速率很快，现象是溶液的红棕色褪去。高锰酸钾实验与溴实验类似，两者都可以用作烯烃或炔烃的定性鉴定。

烯基的定量分析一般采用溴或氯化碘加成法或催化加氢法。用过量的溴或氯化碘溶液与不饱和化合物分子中的双键进行定量的加成反应，待反应完全后，加入碘化钾溶液，与剩余的溴或氯化碘作用析出碘，用硫代硫酸钠标准溶液滴定后反推烯基的量。氯化碘加成法中使用的氯化碘冰醋酸溶液，可以通过将碘溶解于冰醋酸中然后通入干燥氯气而制得。通常用"碘值"或"溴值"表示卤素加成法对产品中烯基的测定结果，其定义是每 100g 试样在反应中所消耗碘或溴的质量（g）。

在过渡金属催化剂存在下，不饱和化合物分子中的双键和氢可发生加成反应，由所消耗氢气的量可以计算烯基的含量。必须指出的是，烯基测定得到的结果不一定是双键的实际含量，只是相对标准品的结果，因此仅供在相同条件下的比较使用。

（2）羟基的分析

醇羟基容易酰化成酯，因此常用酰化法测定，其中以乙酰化法应用最为普遍。乙酰化剂包括乙酸酐-吡啶、乙酸酐-吡啶-高氯酸和乙酸酐-乙酸钠等。邻多元醇羟基（糖）的测定有专一方法，即高碘酸氧化法，其原理是过量高碘酸钠对邻二醇彻底氧化后再滴定。

$$H_2C-\overset{\overset{\displaystyle H}{|}}{C}-CH_2 + 2\,HIO_4 \longrightarrow 2\,HCHO + HCOOH + 2\,HIO_3 + H_2O$$
$$\underset{OH\ \ \ OH\ \ \ OH}{}$$

$$HIO_4 + 7\,KI + 7\,H^+ \longrightarrow 7\,K^+ + 4\,H_2O + 4\,I_2$$

$$HIO_3 + 5\,KI + 5\,H^+ \longrightarrow 5\,K^+ + 3\,H_2O + 3\,I_2$$

$$I_2 + 2\,Na_2S_2O_3 \longrightarrow 2NaI + Na_2S_4O_6$$

$$n_{邻二醇} = \frac{1}{2m}\,n_{Na_2S_2O_3}$$

（3）羧基和酯基的分析

含羧基（—COOH）的化合物具有一定的酸性，因此测定羧基的常用方法是碱滴定法。电离常数大于 10^{-8}、溶于水的羧酸，可在水溶液中用氢氧化钠标准溶液直接滴定。难溶于水的羧酸，可先溶解于过量的碱标准溶液中，再用酸标准溶液回滴过量的碱。对于分子量较大的难溶于水的羧酸，可用甲醇和乙醇等作溶剂，用氢氧化钠水溶液或醇溶液进行滴定。对于不溶于水或酸性太弱的羧酸，则应在非水介质中进行滴定，如丙酮和二甲基甲酰胺等。

在精细化工中，常用酸值、酯值和皂化值分别表示产品中羧基、酯基和两者的总含量。其中，酸值是在规定的条件下中和 1g 样品所消耗的氢氧化钾的质量（mg）；酯值是在规定条件下，皂化 1g 试样中的酯所消耗的氢氧化钾的质量（mg）；而皂化值是在规定条件下，中和皂化 1g 试样所消耗氢氧化钾的质量（mg），是试样中酯、羧基和其他酸性基团的一个总量度。

（4）羰基的分析

羰基与羟胺和肼的缩合反应往往快速且完全，因此可以作为定性和定量分析的依据。通过羰基官能团与羟胺缩合生成肟来测定羰基，即羟胺肟化法。

$$\underset{R'}{\overset{R}{>}}C{=}O + H_2NOHHCl + C_5H_5N \longrightarrow \underset{R'}{\overset{R}{>}}C{=}NOH + C_5H_5NHCl + H_2O$$

当溶液被滴定到 pH=3.8～4.1 时，吡啶盐酸盐基本被中和完全，而羟胺盐酸盐基本不被中和。羰基与肼类缩合反应生成腙（2,4-二硝基苯肼称量法），颜色变化明显，速率快，也是羰基定性定量分析的重要方法。

另外，醛和甲基酮与亚硫酸氢钠加成生成 α-羟基磺酸盐也可以用于它们的定量分析（亚硫酸氢钠加成法）。

（5）氨基的分析

氨基是碱性基团，因此酸碱滴定是测定氨基的常用方法。但有机胺碱性强弱与氮原子取代基的性质和数目有关。水溶性的胺可在水溶液中用盐酸标准溶液直接滴定。不溶于水的长链脂肪胺可溶于乙醇或异丙醇中进行滴定。氨基酸、酰胺和季铵盐可以在冰醋酸等非水介质中用高氯酸滴定。

与羟基类似,伯胺和仲胺能与乙酸酐等反应生成乙酰胺,可用于定量测定。另外,脂肪族伯胺与亚硝酸反应放出氮气,可以用于定性和定量分析。必须指出的是,氨基分析只是测定样品中含有的氨基的量,与该成分的结构没有直接关系。类似地,凯氏定氮法是广泛用于氨基酸、多肽和蛋白质中氨基测定的分析方法。其依据是有机物中的氨基在强热和 CuSO$_4$、浓 H$_2$SO$_4$ 作用下生成 (NH$_4$)$_2$SO$_4$,再与强碱 (NaOH) 作用转化成游离氨,然后滴定得到氮含量。由此可见,某种样品的氨基含量高低并不代表其中真正的氨基酸含量。

2.3.2 水分分析

水分含量是大部分精细化学品质量控制的指标之一。水的常量分析测定方法是干燥后称重,以前后质量之差来计算水分含量。实际上,在加热时失去的是水和挥发性物质的总量,而不完全是水,所以由干燥法测得的水分常称"干燥失重"。对于微量水,一般采用卡尔-费休法和气相色谱法测定。

卡尔-费休法是一种以非水溶液的氧化还原滴定测定水分的化学分析法,其原理是碘在水的存在下可以将二氧化硫氧化成三氧化硫,从消耗的碘测定水分的含量。

$$I_2 + SO_2 + H_2O + 3\,\text{〈N〉} + CH_3OH \longrightarrow 2\,\text{〈NH}^+\text{I}^-\text{〉} + \text{〈NH}^+\text{OSO}_2\text{CH}_3\text{〉}$$

但碘氧化二氧化硫的反应是可逆的,用无水吡啶定量地吸收生成的 HI 和 SO$_3$ 形成氢碘酸吡啶盐及硫酸酐吡啶,能促使反应进行完全,以用于定量分析。硫酸酐吡啶不稳定,在无水甲醇中醇解后转变成稳定的甲基硫酸氢吡啶盐。

$$I_2 + 2e \longrightarrow 2I^- \quad 阴极反应$$

$$2I^- - 2e \longrightarrow I_2 \quad 阳极反应$$

测定时,将两个铂电极插入滴定溶液中,在两电极间加 10~15mV 电压。在滴定过程中,卡尔-费休试剂与试样中的水分发生反应,溶液中只有 I$^-$ 而无 I$_2$ 存在,则无电流通过。当卡尔-费休试剂稍过量时,溶液中同时存在 I$^-$ 和 I$_2$,电极上发生电解反应,就有电流通过两电极,电流计指针突然偏转至一最大值并稳定 1min 以上,此时即为终点。

(1) 卡尔-费休试剂的配制

卡尔-费休试剂常配成每毫升相当于 3~6mg 水的溶液,即配制 IL 试剂需碘量为 42.5~85g。所有组分必须干燥。甲醇和吡啶等试剂必须预先处理,除去其中水分。分析纯的碘用浓硫酸干燥器室温干燥 24h 以上,二氧化硫经浓硫酸干燥脱水处理。二氧化硫、吡啶和甲醇都是过量的,物质的量之比一般为 I$_2$:SO$_2$:Py=1:3:10。配好的卡尔-费休试剂应贮存在附有滴定装置的密闭的棕色瓶中,防止接触空气中的水分。由于碘、二氧化硫、甲醇和吡啶四种组分之间存在缓慢的副反应,因此放置的卡尔-费休试剂有效浓度不断降低,每次使用前均应标定。也可将试剂配成甲、乙两份溶液,甲液为碘的甲醇溶液,乙液为二氧化硫的甲醇吡啶溶液,分别贮存,以减少分解,使用时乙液可作溶剂,甲液作滴定剂。

(2) 卡尔-费休试剂的标定

卡尔-费休试剂的浓度用水当量 T 表示,即 1mL 试剂相当于水的质量 (g/mL)。用水标准溶液或带有稳定结晶水的化合物，如酒石酸钠二水合物（含水 15.66%）为基准物标定其浓度。试剂的水当量 T（g/mL）按下式计算

$$T = \frac{m_s}{V_s - V_0} \quad T = \frac{m_s \times 15.66\%}{V_s - V_0}$$

式中，m_s 为基准物水的质量或基准物酒石酸钠二水合物的质量，g；V_s 为滴定水或酒石酸钠二水合物消耗卡尔-费休试剂的体积，mL；V_0 为空白滴定消耗卡尔-费休试剂的体积，mL。

（3）卡尔-费休法的应用

凡不与卡尔-费休试剂发生反应的有机物都可用卡尔-费休法直接测定其中所含的水分。但能与碘起反应生成碘或与试剂中某组分反应生成水的物质均对测定有干扰。例如羟胺和肼具有较强的还原性会被碘氧化、醌能够氧化碘负离子生成碘、醛和酮等活泼羰基化合物会与甲醇反应生成缩醛和水，因此都不能用卡尔-费休法测定其中的水分。这些样品中的微量水分可以用气相色谱进行分析。

2.3.3 色谱分析

色谱分析是利用样品中不同组分与流动相和固定相的亲和力不同，导致的在移动过程中的速度和路程不同而实现分离分析的方法，是在精细化学品中应用最广泛的分离分析方法。色谱分析有两个要素：流动相和固定相。在流动相从固定相的一端流到另一端的过程中，加在固定相起始端的样品随流动相流动，并在流动相和固定相之间来回转移。不同的组分与这两相的亲和力大小不同，移动速度也不同，因而得到分离。由于这一技术的发现和早期应用是处理植物提取物，一般都形成多种颜色的谱带，因此称为色谱（图 2-1）。虽然后来更广泛应用于无色物质的分离，不再有色谱带出现，但是色谱的名称仍然延续下来。

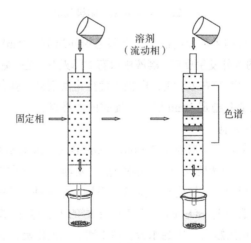

图2-1　色谱技术示意图

固定相可以是固体，也可以是固体上附着的液体；流动相是液体或气体。色谱技术按流动相的分子聚集状态可分为气相色谱法、液相色谱法及超临界流体色谱法；按分离作用原理可分为吸附色谱法、分配色谱法、空间排斥色谱法、离子交换色谱法、亲和色谱法等；按操作形态

又可分为柱色谱法及平面色谱法（薄层色谱法和纸色谱法）等。无论是哪种原理或形式的色谱，本质上都是将不同组分在与流动相和固定相作用时的微小差异不断放大、积累，直至可以相互分离。色谱分析既可以方便地手工操作，也有自动化仪器设备，例如气相色谱（GC）和高效液相色谱（HPLC），后者不仅运行更平稳、可控，而且检测灵敏，记录准确，可基本消除人为因素导致的误差和偏差（图2-2）。

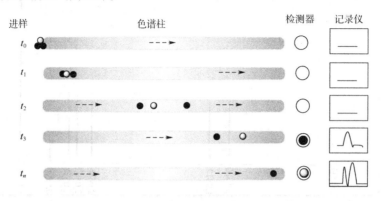

图2-2　色谱分析原理

色谱既可以作为分析技术，也可以作为分离技术；既可以定性也可以定量，在精细化工的生产和科研中都得到了广泛应用。色谱定性分析主要利用保留值（保留时间）进行，一般需要标准品对照，或与质谱、红外等波谱联用。色谱定量依赖于峰高或峰面积的准确测量，有外标法、内标法和归一化法等。

2.3.4　波谱分析

在精细有机化学品合成的科研与生产中，对所使用的原料、产生的中间体和最终产品的结构都必须有准确的测定。为此发展了一系列对分子的分子量、原子组成和结构进行分析测定的技术方法，统称为波谱分析。

分子式和分子量确定：　　　　质谱（MS）
分子骨架连接解析：　　　　　核磁共振谱（NMR）
官能团和分子指纹鉴定：　　　红外（拉曼）光谱（IR, Raman）
共轭官能团鉴定：　　　　　　紫外-可见光谱（UV-VIS）

（1）核磁共振波谱

核磁共振波谱能提供碳、氢及部分杂原子在分子中的连接信息，最常用的是核磁共振氢谱（^{1}H NMR）和碳谱（^{13}C NMR）。另外，磷谱 ^{31}P NMR 和氟谱 ^{19}F NMR 在含磷和氟化合物分析中使用，规律与氢谱类似。

在 ^{1}H NMR 谱中，主要通过分析三个参数——化学位移（δ）、积分和偶合常数（J）来推测与氢原子相关的分子结构。其中，化学位移与氢原子所处的化学环境直接相关；积分（峰面积）反映了氢原子的定量信息，与质子的数目成正比，对推测未知物结构或对混合物进行定量分析均是重要的；而自旋-自旋偶合常数则反映分子结构中相连 C—H 单元之间氢原子的关系。例如，在4-氧代对异丁基苯丁酸的核磁共振氢谱中，化学位移、积分和偶合常数三个参数都清楚地标出（图2-3）。

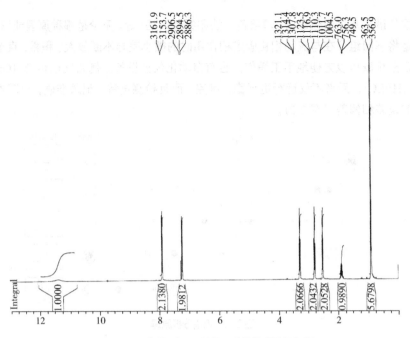

图2-3 4-氧代对异丁基苯丁酸的核磁共振氢谱

一级近似条件下，某个质子附近有 n 个质子与其偶合，如果它们对该质子的偶合常数相同，且符合 $|\delta_1-\delta_2|/J > 6$，则该质子的谱线为 $n+1$。各裂分峰的大小比例为 $(a+b)^n$ 展开式的系数。

有机分子中与质子相连的主体原子是碳，但是碳的主要同位素 ^{12}C 是非核磁活性的，而活性 ^{13}C 同位素丰度很低，因此测定相对灵敏度低，耗时长。与碳直接相连的氢原子等核磁活性核及邻近核均会与其发生偶合作用，从而使谱线彼此交叠，谱图复杂难以辨认。因此核磁共振碳谱一般要通过适当的去偶处理，简化谱图。其中：①质子（噪声）去偶可识别不等性碳核，给出各种不同化学位移碳的总数；②质子偏共振去偶可以识别1~3级碳的类型。例如4-氧代对异丁基苯丁酸的 ^{13}C DEPT-90°去偶碳谱，仅出现 CH；而 ^{13}C DEPT-135°去偶，季碳不出现，CH 和 CH_3 为正（向上），而 CH_2 为负（向下），如图2-4所示。

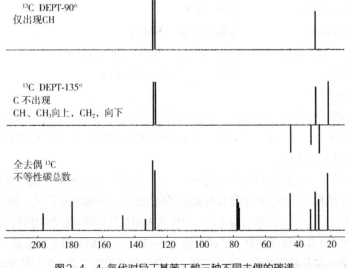

图2-4 4-氧代对异丁基苯丁酸三种不同去偶的碳谱

对于结构较复杂的有机化合物，只有 ^1H 和 ^{13}C 一维核磁共振波谱还不足以确定其结构，这时往往需要测定 C 与 H 或 H 与 H 原子之间的关系，即各种二维核磁（H-H 相关谱、C-H 相关谱及 H-H 空间相关谱等）。例如，4-氧代对异丁基苯丁酸的 ^1H-^1H COSY 氢氢相关谱和 ^1H-^{13}C HSQC 碳氢相关谱，分别直接给出各种偶合氢氢和碳氢基团的对应信息，即可确定分子中相互偶合的氢以及氢与哪个碳原子直接相连（图 2-5）。

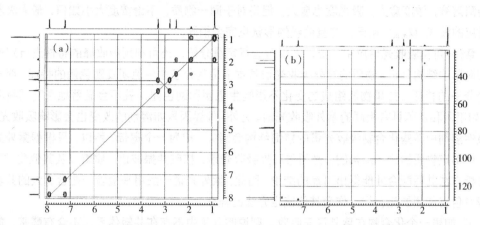

图2-5　4-氧代对异丁基苯丁酸的 H-H（a）和 C-H（b）相关二维核磁图

（2）红外光谱

红外光谱分析能提供分子中的官能团信息。各官能团的特征吸收是解析谱图的基础，一般出现在 $4000 \sim 1300 cm^{-1}$ 的高波数段，因此也称为官能团区。其中：

① $4000 \sim 2500 cm^{-1}$，为 X—H（X=C、N、O、S）伸缩振动区；$3300 \sim 2800 cm^{-1}$，为 C—H 伸缩振动吸收，以 $3000 cm^{-1}$ 为界：高于 $3000 cm^{-1}$ 为不饱和碳 C—H 伸缩振动吸收，可能为烯、炔、芳香化合物；低于 $3000 cm^{-1}$ 一般为饱和 C—H 伸缩振动吸收。

② $2500 \sim 2000 cm^{-1}$，为三键和累积双键伸缩振动区。

③ $2000 \sim 1500 cm^{-1}$，为双键伸缩振动区。

④ $1500 \sim 1300 cm^{-1}$，为部分官能团伸缩振动，C—H 弯曲振动区。

⑤ $1300 \sim 910 cm^{-1}$，为分子骨架伸缩、弯曲振动区，C—O 单键振动区。

⑥ $910 cm^{-1}$ 以下，为苯指纹区（C—H 弯曲振动），烯的 C—H 弯曲振动区。

另外，每个分子都有自己特征的红外图谱，像人的指纹一样，因此红外光谱可以提供类似于指纹比对的分子指纹分析。确定某一官能团存在时，官能团区和指纹区与其几种振动所有的相关峰应同时存在。

（3）紫外吸收光谱

在有机化合物分子中有 σ 键电子、π 键电子、未成键孤对 n 电子。当分子吸收一定能量的辐射时，电子就会跃迁到更高能级的反键轨道，包括 σ→σ*、n→σ*、π→π* 和 n→π* 四种类型。其中，σ→σ* 在远紫外区（150nm），n→σ* 为 $150 \sim 230nm$ 紫外区短波长至远紫外区的强吸收（—OH、—NH₂、—X、—S），π→π* 为 E1（芳香环）和 E2/K（共轭烯）带，n→π* 为 R 带（$200 \sim 400nm$，含 C=O、—NO₂ 等 n 电子基团的吸收）。一般紫外-可见分光光度计只能提供 $190 \sim 850nm$ 范围的单色光，因此只能测量 n→σ* 跃迁、n→π* 跃迁和部分 π→π* 跃迁的吸收。

在紫外-可见吸收光谱分析中，在选定的波长下，吸光度与物质浓度的关系可用光的吸收定律即朗伯-比尔定律来描述：$A=\lg(I_0/I)=\varepsilon bc$。式中，$A$ 为溶液吸光度，I_0 为入射光强度，I 为透射光强度，ε 为该溶液摩尔吸光系数，b 为溶液厚度，c 为溶液浓度。ε 在数值上等于 1mol/L 的吸光物质在 1cm 光程中的吸光度 $[A/(bc)]$，与入射光波长、溶液的性质及温度有关。

紫外-可见吸收光谱吸收峰的形状及所在位置是定性分析的依据，而吸收峰的强度则是定量分析的依据。需要指出的是，同一浓度的待测溶液对不同波长的光有不同的吸光度；对于同一待测溶液，浓度愈大，吸光度也愈大。但是对于同一物质，不论浓度大小如何，最大吸收峰所对应的波长 (λ_{max}) 相同，并且曲线的形状也完全相同。

紫外-可见吸收光谱应用广泛，不仅可进行定量分析，还可利用吸收峰的特性进行定性分析和简单的结构分析。物质的紫外吸收光谱基本上是其分子中生色团及助色团的特征，而不是整个分子的特征。如果物质组成的变化不影响生色团和助色团，就不会显著地影响其吸收光谱，如甲苯和乙苯具有相同的紫外吸收光谱。另外，外界因素如溶剂的改变也会影响吸收光谱，在极性溶剂中某些化合物吸收光谱的精细结构会消失，成为一个宽带。所以，只根据紫外光谱是难以确定物质的分子结构的，必须与红外吸收光谱、核磁共振波谱、质谱以及其他化学、物理分析方法共同配合才能得出可靠的结论。因此，紫外光谱一般用来检验一些含有大的共轭体系或发色官能团的化合物，作为其他鉴定方法的补充。

① 如果一个化合物在紫外区无吸收，则说明分子中不存在共轭体系，不含有醛基、酮基或溴和碘。

② 如果在 210 ~ 250nm 有强吸收，表示有 K 吸收带，则可能含有两个双键的共轭体系，如共轭二烯或 α,β-不饱和酮等。同样在 260nm、300nm、330nm 处有高强度 K 吸收带，则表示有三个、四个和五个共轭体系存在。

③ 如果在 260 ~ 300nm 有中强吸收 (ε=200 ~ 1000)，则表示有 B 吸收带，体系中可能有苯环存在。当苯环上有共轭的生色团存在时，ε 可以大于 10000。

④ 如果在 250 ~ 300nm 有弱吸收带 (R 吸收带)，则可能含有简单的非共轭并含有 n 电子的生色团，如羰基等。

朗伯-比尔定律 $A=\varepsilon bc$ 是紫外-可见吸收光谱法进行定量分析的理论基础。

(4) 质谱

质谱分析法是通过对样品分子在离子化后形成的各种离子的质荷比的分析，而实现对样品进行定性和定量分析的一种方法，以定性为主。有机质谱分析的主要目的是确定化合物的分子量和分子式。质谱分析的前提是把样品分子转化为带电荷的离子。其基本过程就是通过电离装置把样品分子电离为离子，经质量分析装置把不同质荷比的离子分开，然后由检测器检测并经数据处理得到样品的质谱图。最经典的离子化方式是电子轰击电离 (EI)。电子轰击电离会导致分子碎片化，当样品分子热稳定性不高时，分子离子峰的强度低，甚至不出现分子离子峰，因而可能得不到分子量信息，只能通过得到的碎片信息，再反推分子的组成和结构。快原子轰击 (FAB) 和化学电离 (CI) 等软电离技术能有效避免分子在离子化过程中碎裂，但可能导致目标分子与辅助分子 (原子) 络合而形成复合离子。电喷雾电离 (ESI) 是最新的分子离子化技术，基本不会导致分子碎片化，可以直接给出分子量。因此质谱分析选择合适的电离方式十分重要。当分子离子峰强度好、分辨率足够高时 (小数点后 4 位)，可以直接从质谱分析所得的分子量计算得出元素组成，即分子式。

另外，质谱与色谱联用，即气相色谱-质谱联用 (GC-MS) 和液相色谱-质谱联用 (LC-MS)，可实现样品分离和分析一次完成，从而显著提高分析效率。

第3章　精细有机化学品分离技术

物质性质的差异是分离的基础。分离之所以能够进行是由于混合物中待分离的组分之间，在物理、化学、生物学等方面的性质中至少有一个存在差异。精细化工中常见的分离技术包括过滤、蒸馏、沉淀与结晶、萃取、水分的分离以及色谱技术等。

3.1　过滤

过滤是以某种多孔物质为介质，在外力作用下，使悬浮液中的液体通过介质的孔道，而固体颗粒被截留在介质上，从而实现固、液（气）分离的操作。过滤操作采用的多孔物质称为过滤介质，所处理的悬浮液称为滤浆或料浆，通过多孔通道的液体称为滤液，被截留的固体物质称为滤饼或滤渣。

过滤介质有多种：①织物介质，即棉、毛、麻或各种合成材料制成的织物，也称为滤布；②粒状介质，如细砂、木炭、碎石等；③多孔固体介质，如多孔陶瓷、塑料或玻璃等。过滤的效果和效率与介质的空隙有直接关系，孔越大、越多，过滤速度越快，效率越高，但是分离效果可能较差。因此应在保证分离效果的前提下确定介质空隙率。在介质特性确定后，还可以通过施加外力来提高过滤效率，例如加压（压滤和真空过滤）、离心过滤等。

3.2　蒸馏

蒸馏是化工中分离液体混合物的典型单元操作。其原理是将液体混合物部分汽化，利用混合物中各组分的挥发度不同使各组分得以分离。沸点低的组分易挥发，沸点高的组分难挥发。汽化的组分再冷凝，即得高浓度或纯的低沸点组分。按蒸馏方式可以分为简单蒸馏、精馏和特殊精馏等，按操作压强可以分为常压、减压和加压蒸馏。

很多有机化合物，特别是高沸点的有机化合物，在常压下蒸馏往往发生分解、氧化或聚合等。在这种情况下，需要采用减压蒸馏。液体的沸点是指它的蒸气压等于外界压力时的温度，因此液体的沸点是随外界压力的变化而变化的。如果借助于真空泵降低系统内压力，就可以降低液体的沸点，这便是减压蒸馏操作的理论依据。减压蒸馏需要使用能够降低压力的密闭装置，一般由蒸馏装置与真空系统连接形成，真空系统则由泵及其保护装置组成（图 3-1）。减压蒸馏的一般操作步骤如下。

① 检查装置气密性。开动油泵，缓慢关闭安全瓶上解压阀的活塞，记录压力。如压力不符合要求，全面检查所有接点是否严密。获得良好的真空度后，才能继续下面的操作。

② 缓慢打开解压阀活塞，让内外连通，关闭油泵，解除真空。

③ 加入待蒸馏液（一般不超过烧瓶容积的 1/2），开动电磁搅拌（代替毛细管鼓泡），打开油泵（此时安全瓶上解压阀应处在开启状态），关闭解压阀活塞。

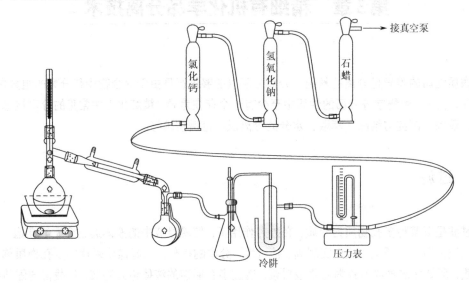

图 3-1　减压蒸馏装置图

④ 真空度达到最大并稳定后，开始加热。

⑤ 升温，当冷凝的蒸气上升至温度计水银球且温度已恒定后，蒸馏开始，记录蒸馏时的温度、压力，蒸馏速度应保持 1 滴/s 左右。

⑥ 当新馏分（相同压力，沸点较高）蒸出时，转动多尾接收管，更换接收瓶收集相应的馏分。

⑦ 蒸馏结束时，移去热源，让蒸馏瓶冷却，然后缓慢打开安全瓶解压阀（若开得太快，水银柱上升很快，有冲破测压计的可能），然后解除真空，关掉油泵，移去接收瓶。所有的玻璃仪器拆下后要及时清洗，以免接头粘连。

3.3　沉淀与结晶

固体有两种状态：结晶和无定形（沉淀）。沉淀与结晶分离法都是使溶质以固体形式从溶液中析出的方法，若析出的是晶体，则称为结晶；而当析出的是无定形物质时，则称为沉淀。溶液中的溶质在一定条件下，因分子有规则地排列而结合成晶体，因此晶体的化学成分一般较为均一。但是溶质分子需要有足够时间进行排列，因此结晶析出速度慢；而无定形固体（沉淀）分子无须规则排列，析出速度快。可见，沉淀和结晶本质上同属一个过程，都是固体新相从溶液中析出的过程，两者的区别仅在于构成单位的排列方式不同，因此沉淀和结晶也被统称为固相析出技术。但是在实际应用中，两者有很大差异。一般而言，只有同类分子、离子或超分子复合物才能排列成晶体，因此结晶过程有良好的选择性。通过结晶，溶液中大部分的杂质会留在母液中，再通过过滤、洗涤，可以得到纯度较高的晶体，而沉淀的选择性相对较差。

溶质只有在过饱和溶液中才能析出，因此结晶分离首先必须形成过饱和溶液。当溶液中溶质浓度等于该溶质在同等条件下的饱和溶解度时，称为饱和溶液，而当溶质浓度超过饱和溶解度时，称为过饱和溶液。过饱和溶液形成的方法有多种，常用的有冷却、蒸发溶剂、反应结晶和解析等。

① 冷却适用于溶解度随温度升高而增加的体系。同时，溶解度随温度变化的幅度要适中。如：L-脯氨酸浓缩液在室温下不结晶，但是冷却至4℃放置，即可有大量晶体析出。

② 部分溶剂蒸发法适用于溶解度随温度降低变化不大的体系或随温度升高溶解度降低的体系。减压或常压蒸馏是实现部分蒸发的快速途径。

③ 真空蒸发冷却法是使溶剂在真空下迅速蒸发，伴随绝热冷却降温，是包括了冷却和部分溶剂蒸发两种途径的一种结晶方法。

④ 化学反应结晶则是利用化学反应产生一个可溶性更低的新物质，当浓度超过饱和溶解度时即有晶体析出。一般通过加入简单反应剂实现，最常用的是调节 pH 值。

⑤ 解析法是向溶液中加入某些物质，使溶质的溶解度降低，形成过饱和溶液而析出。一般向水溶液加入无机盐，称为盐析；在有机溶液中加入不良溶剂，降低溶解度，称为溶析。

虽然结晶选择性较好，但是影响结晶质量的因素较多，包括过饱和度、温度、搅拌以及溶剂性质等。只有选择合适的条件才能获得良好的晶体质量。总体而言，过饱和度高则成核速度大于晶体生长速度，形成的晶体细小；反之晶体粗大。快速冷却能达到较高的过饱和度，形成的晶体细小；缓慢冷却能达到较低的过饱和度，得到粗大的晶体。搅拌可以加快扩散，使晶核增多，提高结晶的速度，从而得到细小晶体。经过一次结晶得到的晶体，特别是粗大的晶体，通常会含有一定量的杂质。此时往往需要再次结晶进行精制，即重结晶。

结晶的选择性较好，但是速度慢。如果杂质与溶质的溶解度差别较大，分离较为容易，采用沉淀法更为经济。沉淀是利用沉淀剂使所需提取的物质或杂质在溶液中的溶解度降低而形成无定形固体的过程。沉淀法的特点是快速、操作简单、经济、浓缩倍数高，缺点是分离度不高、选择性不强。沉淀法的一般操作过程为：加沉淀剂→陈化→分离（过滤或离心），其中最常见的是盐析（水溶液体系）和不良溶剂沉淀（有机体系）。

3.4 萃取

萃取是一种可以分离液体、固液或固体混合物的单元操作，通过选择一种溶剂（萃取剂）使混合物中易溶解的组分溶解于其中，其余组分则不溶或少溶而实现分离。萃取的一般过程为：将一定量萃取剂加入原料液中，然后加以搅拌使原料液与萃取剂充分混合，溶质通过相界面由原料液向萃取剂中扩散；搅拌停止后，两液相因密度不同而分层。一层以溶剂为主并溶有较多的溶质，称为萃取相；另一层以原溶剂（稀释剂）为主，且含有未被萃取完的溶质，称为萃余相。若萃取剂和原溶剂部分互溶，则萃取相中还含有少量的原溶剂，萃余相中亦含有少量的萃取剂。萃取之后蒸馏除去溶剂或结晶析出固体即可获得目标组分。可见，萃取操作与精馏、吸收等过程一样，也属于两相间的传质过程。

用溶剂萃取之后必然伴随蒸馏操作或结晶（沉淀）操作。萃取特别适合以下情形：①原料液中各组分间的沸点非常接近，即组分间的相对挥发度接近于1，若采用蒸馏方法很不经济；②料液在蒸馏时形成恒沸物，用普通蒸馏方法不能达到所需的纯度；③原料液中需分离的组分含量很低且为难挥发组分，若采用蒸馏方法须将大量稀释剂汽化，能耗较大；④原料液中需分离的组分是热敏性物质，蒸馏时易于分解、聚合或发生其他性质变化；⑤混合物中各组分对某些溶剂的溶解度差异大。

3.5 水分的分离

除了复配产品，大部分纯净精细有机化学品对水分的含量都有严格的要求。因此除去水分是重要的精细化工分离过程，常称为干燥。精细化工中物料除水的方法主要包括机械去湿（如离心等）、吸附去湿（如干燥剂干燥等）、化学除水和供热干燥等。物料带水较多时，可先用离心等机械去湿分离方法除去大量的水。吸附去湿是使某种平衡水汽分压很低的干燥剂（如 $CaCl_2$、硅胶等）与湿物料并存，使物料中的水分转入干燥剂内。化学除水是采用化学反应直接将水转化，常用于除去溶剂中的微量水。供热干燥多用于固体或高于水沸点的液体除水。对于固体，以热空气或其他高温气体为介质，使之掠过物料表面，介质向物料供热并带走汽化的水分，常称为对流干燥。

3.6 色谱技术

如前一章所述，色谱技术可以用于分析，也可以用于分离。按操作形态可分为柱色谱法及平面色谱（薄层色谱和纸色谱）法，既可以手工操作，也有自动化仪器设备。无论哪种原理或形式的色谱，本质上都是将不同组分与流动相和固定相作用时的微小差异不断放大、积累，直至可以相互分离。

3.7 精细有机化学品分离实验

实验1 绝对乙醇的制备

一、实验目的

1. 学习醇类溶剂的除水方法；
2. 掌握无水普通蒸馏操作。

二、实验原理

乙醇沸点为 78.5℃，可与水形成 95.5∶4.5 的共沸物，因此不能直接用蒸馏法由工业用的 95% 乙醇制取无水乙醇。要把乙醇中的水除去，第一步先加入氧化钙（生石灰）煮沸回流，使乙醇中的水与生石灰作用生成氢氧化钙，然后再将无水乙醇蒸出。这样得到的无水乙醇纯度最高约 99.5%，即市售的无水乙醇。在许多反应中需要用纯度更高的绝对乙醇，经常需要自己制备。纯度 99.9% 以上的乙醇通常有两种制备方法。一种是利用金属钠与乙醇中的水作用，产生氢气和氢氧化钠，但所生成的氢氧化钠会与乙醇发生平衡反应，因此单独使用金属钠不能完全除去乙醇中的水，须加入过量的高沸点酯如邻苯二甲酸二乙酯与生成的氢氧化钠作用，抑制上述反应，从而达到进一步脱水的目的；另一种是利用金属镁在碘的引发下与乙醇作用，生成醇镁，生成的醇镁进一步与乙醇中的水反应生成氢氧化镁和乙醇，也可将无水乙醇转化为99.9%以上的绝对乙醇。

三、主要仪器和试剂

仪器：圆底烧瓶，三口烧瓶，回流冷凝管，干燥管，铁架台，恒压滴液漏斗，磁搅拌棒，电磁搅拌器，电加热套（或油浴）。

试剂：99.5%乙醇，金属钠，邻苯二甲酸二乙酯，镁条，无水氯化钙，单质碘，沸石。

四、实验步骤

1. 金属钠法

① 取干燥的250mL三口烧瓶固定在电磁搅拌器上，加入大小合适的磁搅拌棒一枚，置于电加热套（或油浴）中。烧瓶上装上回流冷凝管，回流冷凝管用铁夹固定，顶端出口连接装有无水氯化钙的干燥管。

② 往烧瓶内加入100mL纯度至少为99.5%的乙醇，开动电磁搅拌器，调整到合适转速，然后再加入2g金属钠，反应立即发生，有气体放出。接通冷凝水，开启电加热套电源，搅拌加热回流2h。取下干燥管，通过回流冷凝管往体系内加入5g邻苯二甲酸二乙酯，再装上干燥管，回流10~15min。

③ 撤去加热，冷却至瓶中液体不再回流后，将回流改成普通蒸馏装置，接好真空接收管，但接收头出气口连接干燥管而不是真空泵。加热蒸馏，馏出液用圆底烧瓶接收，收集78~79℃馏分。当馏出口温度开始下降时，停止加热，冷却至室温，收集的无水乙醇密闭保存。从右到左、从上到下拆除蒸馏装置，将烧瓶内残余物转移到指定容器。

2. 金属镁法

① 取干燥的250mL三口烧瓶固定在铁架台上，下方留出放煤气灯（电加热套或油浴）的空间。三口烧瓶中间口上依次加装250mL的恒压滴液漏斗和回流冷凝管，回流冷凝管用铁夹固定在同一铁架台上，顶端出口连接装有无水氯化钙的干燥管。往三口烧瓶放置1.2g干燥纯净的镁条、20mL99.5%乙醇及少量沸石，然后将与空气连通的烧瓶口用磨口玻璃塞密封。

② 开启冷凝水，加热使乙醇微沸，移去热源，立刻加入几粒单质碘（此时注意不要振荡），观察在单质碘附近发生的变化，可以达到相当剧烈的程度。如果变化不明显，则需要再加热促进反应。一般来讲，乙醇与镁的反应比较缓慢，当乙醇含水量超过0.5%时则尤其困难。如果再加热后，仍不能观察到明显反应，则可再补充数粒单质碘，加热，直至反应发生。

③ 待镁全部消失后，通过三口烧瓶的一个侧口加入140mL99.5%乙醇和几粒沸石，加热回流1h。转动恒压滴液漏斗旋塞，收集乙醇，注意三口烧瓶内液体不要蒸干。撤去加热，冷却至室温，关掉冷凝水，拆去回流冷凝管，将恒压滴液漏斗中的乙醇迅速转移到干燥的烧瓶等可密封的容器中密闭保存。拆除装置，将烧瓶内的残余物转移到指定容器。

五、注意事项

1. 库存的镁条表面会有一层氧化层，使用前应用砂纸打磨后剪成小段。
2. 制备的绝对乙醇极易吸水，必须密闭保存。
3. 如果使用油浴或可电磁搅拌的加热套，可以使用磁搅拌棒代替沸石。

六、思考题

1. 邻苯二甲酸二乙酯阻止氢氧化钠与乙醇之间的平衡反应的原理是什么?
2. 哪些常见的醇溶剂可以用类似的方法除水?

实验2 N, N-二甲基甲酰胺的精制

一、实验目的

1. 学习减压蒸馏操作;
2. 学习 N,N-二甲基甲酰胺等酰胺类溶剂的精制方法。

二、实验原理

液体的沸点是指它的蒸气压等于外界压力时的温度,因此液体的沸点是随外界压力的变化而变化的,借助真空泵降低系统内压力,就可以降低液体的沸点。

N,N-二甲基甲酰胺:沸点 152～153℃,为无色液体,与多数有机溶剂和水可以任意比例混合,对有机和无机化合物的溶解性能较好。商品化的 N,N-二甲基甲酰胺含有少量水分。常压条件下,N,N-二甲基甲酰胺在沸点伴有分解,产生二甲胺和一氧化碳。在有酸或碱存在时,分解加快。例如,加入固体氢氧化钾(钠)在室温放置数小时后,即有明显分解。因此,最常用的干燥剂为硫酸钙、硫酸镁、氧化钡、硅胶或分子筛。实验室中也常用氢化钙除水,然后减压蒸馏纯化,收集 76℃/4800Pa(36mmHg)的馏分。纯化后的 N,N-二甲基甲酰胺要避光贮存。

三、主要仪器和试剂

仪器:500mL 圆底烧瓶,溶剂接收球,磁搅拌棒,电磁搅拌器,电加热套(或油浴),球形冷凝管,干燥塔。

试剂:N,N-二甲基甲酰胺,氢化钙。

四、实验步骤

① 取干燥的 500mL 圆底烧瓶固定在电磁搅拌器上,加入大小合适的磁搅拌棒一枚,置于电加热套(或油浴)中。往圆底烧瓶内加入 150mL N,N-二甲基甲酰胺、6g 左右氢化钙。在圆底烧瓶上方装上溶剂接收球(参见实验9)或恒压滴液漏斗(参见实验1)和球形冷凝管,球形冷凝管顶端接一玻璃接头。

② 取一无水氯化钙干燥塔,用铁架台固定好,进口端用橡皮管与球形冷凝管上方的接头相连。干燥塔出口端接真空系统,打开真空系统电源,通过调压阀控制真空压力在 40mmHg 左右。

③ 接通冷凝水,打开电加热套(或油浴)电源加热,使 N,N-二甲基甲酰胺沸腾,旋转溶剂接收球活塞,使冷凝的 N,N-二甲基甲酰胺重新回到圆底烧瓶中。保持 N,N-二甲基甲酰胺回流 3h。关闭溶剂接收球活塞(或恒压滴液漏斗活塞),开始收集 N,N-二甲基甲酰胺至 130mL 左右(使圆底烧瓶中有 20～30mL 的液体)。

④ 关闭电加热套(或油浴)电源,冷却至室温,打开真空系统放气阀门,连通大气,关闭真空系统电源。将收集的 N,N-二甲基甲酰胺转移到烧瓶等可密闭的容器中,加入 15g 左右活

化的 4Å 分子筛，密封避光保存备用。

⑤ 拆去实验装置，将圆底烧瓶内残余物倒入指定回收容器。

五、注意事项

注意减压蒸馏结束时停止实验的操作顺序，要先解除真空，再关泵。

六、思考题

1. 精制 N,N-二甲基甲酰胺时，连接的干燥塔有什么作用？
2. 如果在真空度为 5mmHg 或 300mmHg 时进行蒸馏，会怎么样？

实验3 乙酸乙酯的反应精馏

一、实验目的

1. 学习反应精馏的原理、特点和操作；
2. 学习反应精馏制备乙酸乙酯。

二、实验原理

精馏是依据液体混合物中各组分挥发度的不同，进行多次连续部分汽化和部分冷凝的蒸馏操作而达到分离目的的技术。精馏技术经过 100 多年的发展，已成为目前应用最广泛的一种液体分离技术，广泛应用于各类精细化学品生产中的原料提纯、产品精制、溶剂和废料回收等各方面，甚至在某些精细化学品的生产中，还直接参与反应过程，即反应精馏。反应精馏是精馏技术中的一个特殊领域，它不同于一般精馏，既有精馏的物理相变的传递现象，又有物质变性的化学反应现象。在反应精馏操作过程中，化学反应与分离同时进行，反应的生成物不断地通过精馏移走，不仅能显著提高平衡反应总体转化率，而且能在同一设备内完成化学反应和产物的分离，故可以大大降低设备投资和操作费用。

醇与酸反应生成酯和水是可逆反应。将反应放在精馏塔中进行时，一边进行化学反应，一边进行精馏，及时分离出生成物酯和水，这样可使反应持续向酯化的方向进行。酯化反应速率一般非常缓慢，故需要加入催化剂，如质子酸、离子交换树脂、过渡金属盐类和沸石分子筛等。

本实验是以乙酸和乙醇为原料，在硫酸催化剂作用下生成乙酸乙酯的可逆反应，反应的化学方程式为

$$CH_3COOH + C_2H_5OH \xrightleftharpoons{H_2SO_4 催化剂} CH_3COOC_2H_5 + H_2O$$

工业上，该酯化反应进料的方式有两种：一种是直接从塔釜进料，另一种是在塔的某处进料。前者有间歇式和连续式操作，后者只有连续式操作。若用后一种方法进料，即在塔上部某处加带有酸催化剂的乙酸，塔下部某处加乙醇。釜液沸腾状态下塔内轻组分逐渐向上移动，重组分向下移动。具体地说，乙酸从上向下移动，与向上移动的乙醇接触，在不同的填料高度上均发生反应，生成酯和水。塔内此时有 4 种组分。由于乙酸在气相中有缔合作用，除了乙酸外，其他 3 个组分形成三元或二元共沸物，水-酯、水-醇共沸物沸点比较低，醇和酯无法从塔顶排出。若控制反应的原料配比，可以使某组分全部转化。若采用塔釜进料的间歇式操作，反应只能在塔釜中进行，由于乙酸的沸点较高，不能进入塔体，所以塔体内共有 3 种组分：水、乙醇

和乙酸乙酯。本实验采用间歇式操作。

三、主要仪器和试剂

仪器：三口烧瓶，电加热套，温度计，量筒，反应精馏系统，气相色谱仪，锥形瓶。

试剂：无水乙醇，冰醋酸，浓硫酸，沸石。

四、实验步骤

图3-2 反应精馏实验装置示意图

① 取500mL三口烧瓶，将其固定在铁架台上，下方留出安放电加热套的空间。三口烧瓶两个侧口分别装上磨口塞和温度计。取一内径20mm、长1.5m、带保温加热的精馏管，往管内装填 ϕ3mm×3mm不锈钢填料。将填装完毕的精馏管装在三口烧瓶上，并用铁夹固定在铁架台上（如图3-2所示）。

② 精馏管上装上摆动式回流比控制器，其控制系统由塔头上摆锤、电磁铁线圈和回流比计数器组成。装好塔顶温度计，关闭馏出液接口旋塞，打开塔顶冷却水。

③ 向三口烧瓶内添加110.0g无水乙醇、160.0g冰醋酸、0.5mL浓硫酸和沸石少许。用电加热套为三口烧瓶加热，接通精馏管的加热电源，为填料塔加热保温。

④ 观察塔釜和塔顶温度变化，直至塔顶有蒸气并有回流液体出现，保持回流15min。

⑤ 准备4个带磨口塞的50mL锥形瓶，分别称重。在馏出液接口处放一锥形瓶，打开旋塞。开启回流比控制系统电源，设定回流比为4:1。调节电加热套加热功率，保持馏出液流出速度为1～2滴/s。15min后换另一锥形瓶接收馏出液，再收集3个馏出液样品。

⑥ 关闭馏出液接口旋塞、电加热套及精馏管保温电源，使体系冷却至常温。关闭冷凝水，拆去塔顶回流及回流比控制系统、精馏管、磨口塞和温度计。将三口烧瓶内残留液全部转移到另一干净的已称重的250mL锥形瓶，计量残留液质量，用磨口塞密封。

⑦ 分别计量4个馏出液的质量。在气相色谱仪上分别测定五个样品（包括残留液）中各个组分的含量。计算乙酸的转化率和乙酸乙酯的收率。

⑧ 将精馏管内的不锈钢填料转移到指定容器中，将各个样品转移到指定回收容器中，清洗仪器。

五、注意事项

1. 塔顶必须先通冷却水，以防蒸气逸出。
2. 填料塔保温电流不能过大，过大会使填料塔受到损坏。
3. 收集塔顶馏出液要小心，防止洒出，影响实验效果。

六、思考题

1. 怎样提高酯化收率？

2. 不同回流比对馏出液纯度的影响如何?

3. 不同的加料比（物质的量比）对反应有何影响? 最佳加料比为多少?

实验 4　分子蒸馏技术

一、实验目的

1. 学习分子短程蒸馏系统操作;
2. 学习分子蒸馏的特点与应用。

二、实验原理

分子与分子之间存在相互作用力。当两个分子离得较远时, 分子之间的吸引力是主要的。但当两个分子相互接近到一定距离之后, 分子之间的作用力就会变为斥力, 并且随着其接近程度的增加而迅速增加。当接近到一定程度时, 由于斥力的作用, 分子发生斥离。这种由于接近而至斥离的过程就是分子的碰撞过程。一个分子相邻两次碰撞之间所走的路程称为分子自由程。根据分子运动理论, 液体分子受热从液面逸出, 不同种类的分子, 其平均自由程不同。为达到分离液体混合物的目的, 首先将其加热, 使能量足够的分子逸出液面。轻分子的平均自由程大, 重分子的平均自由程小。若在离液面小于轻分子平均自由程而大于重分子平均自由程处设置一冷凝面, 使得轻分子落在冷凝面上被冷凝, 从而破坏了轻分子的动态平衡, 使得轻分子不断逸出, 而重分子因达不到冷凝面, 很快趋于动态平衡, 从而实现混合物的分离 (图 3-3)。

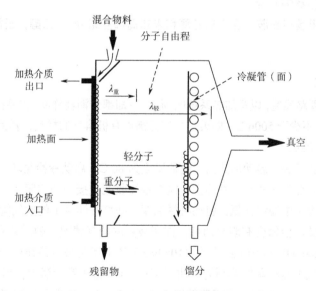

图3-3　分子蒸馏示意图

分子蒸馏技术的主要特点有:

① 操作温度低。分子蒸馏是通过分子运动平均自由程的差别进行分离, 而不是依靠沸点差。分子蒸馏可以在很大温度范围内进行, 只要冷热两面间存在温度差, 就能达到分离目的。通常分子蒸馏的操作温度远低于沸点。

② 蒸馏压强低。一般操作压强为 0.1 ~ 50Pa，因此大大降低了物质的沸点。加之实际分离温度又低于沸点，所以分子蒸馏操作温度比传统蒸馏低得多。假如传统蒸馏需要 250℃，分子蒸馏则仅需 130 ~ 150℃。

③ 受热时间短。分子蒸馏加热面与冷凝面的间距要小于轻分子的运动自由程（即间距很小），由液面逸出的轻分子几乎未发生碰撞即达到冷凝面，所以受热时间很短。假定传统真空蒸馏需受热十几分钟，则分子蒸馏受热时间仅为几秒或十几秒。

④ 分离程度高。分子蒸馏能分离常规蒸馏不易分开的物质。

⑤ 不可逆性。普通蒸馏是蒸发与冷凝的可逆过程，液相和气相间可以形成相平衡状态。而分子蒸馏过程中，从蒸发表面逸出的分子直接飞射到冷凝面上，中间不与其他分子发生碰撞，理论上没有返回蒸发面的可能性，所以分子蒸馏过程是不可逆的。

由于分子只走很短的距离即被冷凝，所以分子蒸馏又称短程蒸馏。Hickman 和 Embree 对蒸馏造成的物料热破坏，即分解概率给出如下公式

$$Z = pt$$

式中　Z——分解概率；

　　　p——工作压力（与工作温度 T 成正比）；

　　　t——停留时间，s。

一般而言，物料在分子蒸馏中的分解概率和停留时间比其他类型的蒸发器低几个数量级。

三、主要仪器和试剂

仪器：分子短程蒸馏系统。

试剂：N,N-二甲基甲酰胺（含少量乙醇和未知高沸点组分），乙醇，石油醚。

四、实验步骤

1. 样品预处理

由于蒸发器各管路残留，以及加热系统的预热、冷却都会消耗样品，样品损失量较大（100mL左右），建议样品量不少于 500mL。如果是含有低沸点有机溶剂的样品，样品量不少于 1L。

2. 移除溶剂（脱挥）

接通装置总电源开关，启动加热浴，设置温度为 80℃，启动液冷循环，设置温度为 15℃。将高沸点组分的接收瓶洗净干燥，并称重。检查各接收瓶连接处的密闭性。连接压力计，并设置为长亮模式。向冷阱中加注液氮，启动机械油泵，并打开油泵上的放气阀。关闭放气阀，此时体系开始减压（此时液氮会有明显消耗，注意液氮的消耗情况，随时补充）。调节放气阀，让体系压力在 50mbar（1bar=10^5Pa）左右（10mbar 下乙醇不能被液冷循环冷却，会收集到冷阱中，此压力值应当根据需移除的溶剂的性质调整）。样品置于锥形瓶中，用进样泵进样，启动刮膜器（进样速度 10% ~ 100%，刮膜器转速 200 ~ 400r/min，根据黏度和溶剂量调整。此时液氮会有明显消耗，注意液氮的消耗情况，随时补充）。待样品进样完成，蒸发完毕后，脱除溶剂的样品在高沸点接收瓶中。关闭进样泵、刮膜器和机械油泵，打开放气阀，待体系恢复至大气压力，收集样品。移除低沸点接收瓶和冷阱接收瓶的溶剂，并将所有的接收瓶洗净干燥。预先称重低沸点组分接收瓶，将接收瓶连接到蒸馏器上，各磨口连接处补充真空脂。设置液冷循环温度为 25℃。

3. 蒸馏分离

补充液氮，启动机械油泵，关闭放气阀，待体系减压至 0.1mbar 以下，关闭油泵排气阀。启动扩散泵，体系进一步减压。待体系压力降至 0.1Pa（1×10^{-3}mbar）以下，打开刮膜器并开始进样，观察样品蒸馏情况。逐步提升加热温度，控制馏出速度，旋转接收器，用干净的接收瓶接收高、低沸点组分，直至蒸馏完成。将加热浴设置为 80℃，液冷循环设置为 15℃，关闭刮膜器，关闭扩散泵和油泵，打开放气阀，待体系恢复到常压时，收集各组分。

4. 系统清洗

待加热浴温度降至 100℃左右时，打开刮膜器，用进样泵向体系中进清洗用溶剂（如乙醇、60～90℃石油醚等），保证高、低沸点组分的管路都有干净溶剂流过。进样直到蒸发器管路清洗干净。关闭刮膜器、进样泵，设置加热浴温度为 20℃，关闭加热浴和液冷循环。清洗各接收瓶，关闭电路电源。

五、注意事项

1. 体系中不可有大量低沸点的溶剂，应尽量处理干净。

2. 在使用扩散泵之前，完成脱溶剂之后，各个接收瓶一定要洗净干燥，否则影响系统真空度。

六、思考题

1. 分子蒸馏时，组分是否必须处于沸腾状态？

2. 在其他蒸馏技术中，哪种最接近分子蒸馏？

实验5　色素的薄层色谱分离与鉴定

一、实验目的

1. 学习薄层板的制备；

2. 学习薄层色谱分析技术；

3. 验证吸附色谱原理。

二、实验原理

1. 吸附薄层色谱的原理

吸附薄层色谱的作用原理是在毛细作用的推动下，样品沿薄层板由底部向上运动，经过多次的吸附和解吸循环后，吸附力较弱而解吸较快的组分将行进较长的路程；反之，吸附较强或解吸较慢的组分则行程较短，从而使各组分间拉开距离。薄层板是均匀涂有一定厚度的薄层吸附剂的玻璃板、塑料板或金属箔。被分离的样品制成溶液用毛细管点在薄层板上靠近底端处，作为流动相的溶剂（称为展开剂）则靠毛细作用从点有样品的底端向另一顶端运动并带动样点前进。吸附薄层色谱可用于少量（一般为 0.5g 以下）物质的分离，但更多应用于化合物的鉴定和其他分离手段的效果检测。作制备分离时，用刮刀分别刮下各组分的色带，各自以溶剂萃取，再蒸去溶剂后即得各组分的纯品。作为检测手段的理论依据是同种分子在极性、溶解度、分子大小和形状等方面完全相同，因而在薄层色谱中随展开剂爬升的高度亦应相同，而不同种分子在上述诸多方面中总会有一些细微的差别，因而其爬升高度不会完全相同。在理想状态下，如果将用其他分离手段所得的某一个组分在薄层板上点样展开后仍为一个点，则说明该组分为同种分子，即原来的分离方法达到了预期效果；如果展开后变成了几个斑点，则说明该组分中仍有数种分子，即原分离手段未达到预期效果。

必须指出，在实际情况下，组分在薄层色谱中移动的距离受很多因素影响。不同的分子，特别是差别不大的分子，例如异构体或分子量差别不大的同系物，在薄层色谱中移动的距离差别也不大，因此可能出现难以分辨的情况。在薄层色谱中，不同的点可以确定是不同的物质，但是同一个点不一定就是一个组分。事实上，所有类型的色谱，包括气相色谱和液相色谱，都存在这种现象。因此一般需要多种分析技术联合使用，相互验证，以免得出错误的结论。

在薄层色谱中化合物样点移动的距离与展开剂前沿移动的距离的比值称为比移值（R_f值）。例如在图3-4中，在点样的薄层板上，由A、B两种化合物组成的混合溶液被点在起始线上。用展开剂展开后，展开剂前沿爬升的高度为10，化合物A爬升的高度为8，则化合物A的R_f值是0.80。同理，化合物B的R_f值是0.42。

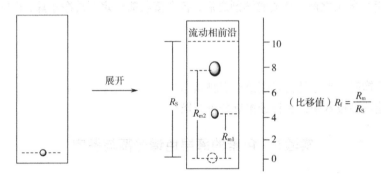

图3-4　薄层色谱的比移值

比移值不仅与物质本身有关，也与测定条件相关。在固定条件下，每种化合物都有其特定的比移值（R_f值），是薄层色谱作为化合物定性鉴定的理论依据。但是影响R_f值的因素很多，包括吸附剂的种类、活性等级、粒度、展开剂、温度等，要重现R_f值一般都很困难，因此使用文献报道的R_f值鉴定化合物需要慎重。

常见的薄层色谱吸附剂有硅胶和氧化铝两类。薄层色谱用的硅胶分为硅胶H（不含黏合剂）、硅胶G（含煅石膏黏合剂）、硅胶HF254（含荧光物质，可在波长为254nm的紫外光下观察荧光）、硅胶GF254（既含煅石膏又含荧光剂）等类型。与硅胶相似，氧化铝也因含黏合剂或含荧光剂而分为氧化铝G、氧化铝HF254及氧化铝GF254。

2. 薄层色谱的一般操作过程

薄层色谱（TLC）分析包括点样、展开和显色三个步骤。

第一步点样就是用毛细管将待测样品上载到硅胶或氧化铝板上。点样有两个基本注意事项：①每个样品斑点的下缘要高于展开剂3~5mm，以免展开剂溶解组分；②由于样品在展开的过程中存在横向扩散，导致斑点变大，因此各个上样点之间应保持一定间距，且不能太靠近板的边缘，以免展开过程中或展开后不同样品重叠而干扰（图3-5）。

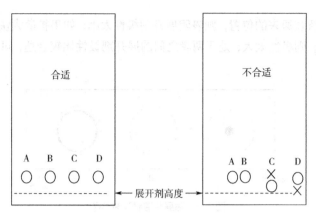

图3-5 薄层色谱点样

另外，样品中强酸、强碱和高沸点溶剂会影响展开，应在上样前尽量除去。样品浓度要适中，太少影响显色，太多则影响分离（拖尾）。

点样完成后，应等待溶剂挥发干净，然后才能开始展开。展开一般在密闭的玻璃展开缸中进行。TLC板放入之前可以先用滤纸竖立在展开缸壁上，以助展开剂蒸气充满整个空间。展开剂的初始高度应低于最低一个斑点的下缘 5mm 以上（图 3-6）。

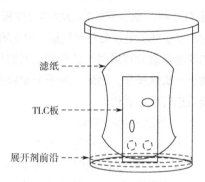

图3-6 薄层色谱展开

对于结构相近的多组分混合物，例如氨基酸混合物等，由于组分间相互作用较强，会导致分离度下降。这时可以尝试采用双向展开，会取得更好的结果。即在板沿一个边进行一次展开，初步将组分分离，转 90°后再次进行展开（展开剂可以相同或不同）（图 3-7）。二次展开时由于组分已经初步分离，相互间干扰会减少，而且可以重新选择展开剂，因此特别适合多组分类似结构的样品分析。

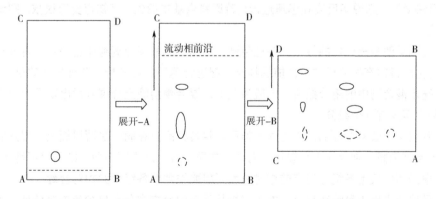

图3-7 薄层色谱两次展开

展开剂的选择往往是 TLC 分析的关键。遗憾的是目前还没有一个通用的方法可以准确确定展开剂，经验和试错仍然是展开剂选择的基本方法。比较简单的试错法是将样品多次分开点样后，用毛细管直接将不同的待选展开剂（组分和极性）引导到斑点中心。如果样品基本不随展开剂扩散，仍然留在原来的位置，则表明展开剂极性太小；如果扩散太快，即样品基本扩散至边缘形成空心圆，则极性太大；处于两者之间的展开剂极性比较合适，可以作为进一步筛选的基础（图3-8）。

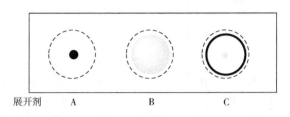

图3-8　薄层色谱展开剂选择

TLC 分析的最后一步是显色，即将展开后的 TLC 可视化，以便确定组分位置和相对含量。显色分为紫外显色、吸附显色和反应显色三类。紫外显色是利用组分对紫外光的吸收，不会破坏 TLC 板，可以重复进行，但是只对有共轭结构的组分适用。吸附显色主要是利用碘蒸气熏蒸 TLC 板，很多有机物会增加硅胶板对碘蒸气的吸附，而显黄色至棕色。虽然碘吸附是可逆的，但是有些组分会与碘反应，因此吸附显色是否可以多次重复取决于样品的性质。反应显色的原理是组分官能团与显色剂之间的化学反应，一般有显著颜色变化，但是会破坏 TLC 板，属于一次性操作。因此，对于未知样品，一般首先进行紫外显色，然后进行碘蒸气吸附显色，最后进行反应显色。

3. 薄层色谱的应用

在实验室中，薄层色谱主要用于以下几种目的。

① 作为柱色谱的先导。一般情况下，使用某种固定相和流动相可以在柱中分离的混合物，使用同种固定相和流动相也可以在薄层板上分离，所以常利用薄层色谱为柱色谱选择吸附剂和淋洗剂。

② 监控反应进程。在反应过程中定时取样，将原料和反应液分别点在同一块薄层板上，展开后观察样点的相对浓度变化。若只有原料点，则说明反应没有进行；若原料点很快变淡，产物点很快变浓，则说明反应在迅速进行；若原料点基本消失，产物点变得很浓，则说明反应基本完成。

③ 检测其他分离纯化的效果。在柱色谱、结晶、萃取等分离纯化过程中，将分离出来的组分或纯化所得的产物溶样与分离前的样品一起进行薄层色谱分析，验证分离效果。

④ 确定混合物中的组分数目。一般情况下，混合物溶液点样展开后出现几个斑点，就说明混合物中至少有几个组分。

⑤ 确定两个或多个样品是否为同一物质。将各样品点在同一块薄层板上，展开后若各样点上升的高度相同，则大体上可以认定为同一物质；若上升高度不同，则确定不是同一物质。

⑥ 根据薄层板上各组分斑点的相对浓度可粗略地判断各组分的相对含量。

⑦ 迅速分离出少量纯净样品。为了尽快从反应混合物中分离出少量纯净样品，可扩大薄层板的面积，加大薄层的厚度，并将混合物样液点成一条线，一次可分离出几十毫克到几百毫克的样品。

4. 薄层色谱的特点

① 价廉，设备简单、操作容易，用时短，检测快速。

② 灵敏度良好，受气温、气氛等环境因素影响小。

③ 应用范围广。对样品的限制很小，各类液体和固体样品都可以检测；展开剂和显色剂可供选择的范围大；既可以用来分析鉴定，也可以用于制备纯化样品。

④ 可以同时进行多个样品的分析和用多种方法进行定性。

⑤ 薄层色谱的不足之处是它的重现性较差，难以实现仪器自动化。

本实验以硅胶作为固定相，以乙酸乙酯-甲醇-水为流动相。将未知染料混合样和染料标准样分别点在同一块薄层板上，用流动相加以展开。染料色点可直接观察到，无须进行显色处理。染料组分可通过比较薄层板上各色点的位置或通过 R_f 值的测定进行鉴别。

三、主要仪器和试剂

仪器：广口瓶，锥形瓶，载玻片，烧杯，玻璃棒，毛细管，铅笔，直尺，滤纸，电加热套，电吹风机，烘箱，搪瓷托盘，干燥器。

试剂：罗丹明 B、孔雀绿、品红等染料的乙醇溶液（1%左右），乙酸乙酯，甲醇，去离子水，硅胶 H60，羧甲基纤维素钠（CMC）。

四、实验步骤

1. 薄层板的制备

① 取 500mL 烧杯，加入 250mL 去离子水，再加入 1.5g 羧甲基纤维素钠（CMC），加热，并用玻璃棒搅拌直至羧甲基纤维素钠溶解，放在一旁静置，冷却待用。

② 取载玻片 10 块，用洗涤剂洗涤干净，至水能够在上面形成均匀薄膜，然后用纸擦净表面待用。

③ 称取 10g 硅胶 H60 置于 100mL 烧杯中，加入 CMC 澄清液，边加边搅拌制浆，并观察黏度变化。当加入 CMC 溶液至提起玻璃棒时，残留液刚好是一滴一滴而不是线状流下；如果残留液以线状往下流则太稀，应补加硅胶；如果太稠，则应补加水稀释。

④ 将所得硅胶浆用药勺倒在载玻片上，然后振动使其均匀铺平，厚度 0.3mm 左右，尽量不要超过 0.5mm。如果硅胶量过多，铺出来的硅胶板太厚，在色谱分离时速度慢，而且效果变差。平放使硅胶湿板自然晾干。

⑤ 将晾干的硅胶板水平放置在搪瓷托盘内，于烘箱中经 105℃活化 30min。降温至 50℃，将托盘从烘箱内取出，转移到干燥器内待用。

2. 点样

用毛细管在薄层板离底边 1cm 处点加各染料标准液和未知试样液。色点之间与色点到板边距离为 1cm。点样量不宜太多，否则影响分离效果（拖尾）。放置使点样点自然晾干，或冷风吹干。

3. 展开

① 在 100mL 锥形瓶内加入 39mL 乙酸乙酯、10mL 甲醇和 1mL 水，摇晃混合均匀得到展开剂。

② 取一个 250mL 的广口瓶，在广口瓶底部放上一个比内腔直径略小的圆滤纸。把配好的展开剂倒入广口瓶中，注意广口瓶底部液层厚度应在 0.5cm 左右。盖上瓶盖，放置 5 ~ 10min 以保证瓶内均匀地被展开剂蒸气所饱和。

③ 把点过样并已经晾干的薄层板斜放入广口瓶中，略微倾斜靠在瓶壁上，盖上顶盖，展

开剂自下而上均匀上升，观察样品组分点在板上的移动。待展开剂前沿到达离板顶端约 1cm 处，取出薄层板，用铅笔在溶剂前沿处作一标记。

④ 用电吹风机的冷风将薄层板上的溶剂吹干。测量各染料样点移动的距离与展开剂前沿移动的距离。根据两者的比值比较各染料色斑和未知样的 R_f 值，确定未知样的组成。

五、注意事项

1. CMC 浓度在 5‰ ~ 6‰为宜，太稀了硅胶层强度较差，容易掉粉。

2. 硅胶与 CMC 混合要均匀，注意混合物内不要有包裹干硅胶的颗粒存在。

3. 铺在载玻片上的硅胶层厚度要适中，太厚容易使硅胶板中间高、两边低，而太薄则容易引起边沿高、中间低，两种情况都会影响使用效果。

六、思考题

1. 制备薄层板加入羧甲基纤维素钠的作用是什么？如果不加会出现什么情况？

2. 点样的浓度太高时在展开的过程中会出现什么情况？

3. 薄层色谱板为何要进行"活化"？

4. 展开前色谱缸内空间为什么要用溶剂蒸气预先进行饱和？

实验6 二茂铁的乙酰化及柱色谱分离

一、实验目的

1. 验证二茂铁的性质和酰化反应的基本原理；

2. 学习柱色谱分离的操作。

二、实验原理

二茂铁是二价铁离子与环戊二烯负离子形成的金属有机化合物。环戊二烯负离子具有共轭结构且电子满足 $4n+2$ 规则，所以二茂铁具有芳香性，可以进行类似苯环的傅−克(Friedel-Crafts)酰基化反应。

在磷酸的催化下，二茂铁与乙酸酐反应生成乙酰二茂铁和少量二乙酰二茂铁，主产物经柱色谱与残余原料二茂铁及副产物二乙酰二茂铁分离。

填充柱色谱是将固定相装填在合适直径的色谱柱（一般为玻璃管）中，其与薄层色谱的原理是一样的。由于色谱柱的直径大小可以选择，装填的固定相的体积可调，因此柱色谱可以进行微量（毫克级）到大量（千克级）分离。由于柱色谱需要现场装填，不如预制的薄层色谱方便，因此主要用于较大量的制备分离，而微量分析一般使用薄层色谱。填充柱色谱分离的关键是：①固定相填充要均匀，不能有气泡；②淋洗剂选择要合适（即薄层色谱展开剂）；③淋洗速度要适中。一般淋洗速度越慢分离效果越好，但是耗时越长，因此要在保证分离效果的前提下，尽量加快速度。

三、主要仪器和试剂

仪器：圆底烧瓶，回流冷凝管，干燥管，烧杯，玻璃棒，布氏漏斗，量筒，电磁搅拌器，磁搅拌棒，油浴，色谱柱，锥形瓶，镊子，橡皮塞，洗耳球，熔点仪。

试剂：二茂铁，乙酸酐，85%磷酸，无水氯化钙，碳酸氢钠，硅胶 H60，脱脂棉，石油醚，乙酸乙酯，石英砂。

四、实验步骤

1. 二茂铁的乙酰化

① 取 25mL 圆底烧瓶，固定在电磁搅拌器上。向圆底烧瓶中加入 1.5g 二茂铁和 5mL 乙酸酐、磁搅拌棒，开动搅拌。常温下往体系内滴加 1.0mL 85%磷酸。

② 在圆底烧瓶上装上回流冷凝管，并在回流冷凝管上加装无水 $CaCl_2$ 干燥管。将圆底烧瓶置于 100℃油浴中加热，搅拌反应 15min，得到深红色溶液。停止加热，撤掉干燥管和回流冷凝管。

③ 取 250mL 烧杯，放入约 20g 冰，用玻璃棒搅拌冰块，缓缓将反应液倒入烧杯中，搅拌至冰块融化。搅拌下往烧杯中少量多次加固体 $NaHCO_3$ 至不再有 CO_2 放出。

④ 将上述烧杯放到冰浴中冷却 20min。用布氏漏斗抽滤，收集固体产品。

2. 柱色谱分离

① 取内径 2cm、长 40cm 左右的干燥色谱柱，用镊子取少许脱脂棉放于干净的色谱柱底部，轻轻塞紧（带有砂芯的柱子不用加脱脂棉）。

② 将色谱柱垂直固定在铁架台上，上面放置加料漏斗，往里加石英砂，使脱脂棉上均匀覆盖一层厚约 0.5cm 的石英砂，关闭色谱柱活塞。

③ 取 45mL 硅胶于干燥的 250mL 烧杯中，加入约 80mL 石油醚，使硅胶成糊浆状。将糊浆状硅胶通过加料漏斗装入色谱柱中，下面用锥形瓶接收流出液。打开活塞，用橡皮塞轻轻敲打色谱柱下部，使硅胶填装紧密。然后，通过加料漏斗在装填好的硅胶柱上加铺一层厚 0.5cm 的石英砂。当色谱柱中液面开始进入上石英砂层时（注意不能使液面低于砂子），关闭色谱柱活塞。

④ 取 25mL 圆底烧瓶，将上述乙酰二茂铁粗品溶解在最少量的 3∶1 石油醚-乙酸乙酯中，得试样待用。

⑤ 配制洗脱液。将约 300mL 石油醚与 50mL 乙酸乙酯加入 500mL 锥形瓶中，轻轻摇晃使其混合均匀，得到洗脱液。从顶端向色谱柱中倒入 6∶1 石油醚-乙酸乙酯混合溶剂至约为柱高的 3/4 处。打开色谱柱活塞，使洗脱液流出。当溶剂液面刚好流至石英砂面时，关闭色谱柱活塞。

⑥ 将二茂铁酰化粗品试样溶液沿柱壁加入色谱柱，再用 2mL 洗脱液涮洗烧瓶，并将涮洗液也转移到色谱柱中。打开色谱柱活塞，当样品溶液流至接近石英砂面时，立即用洗脱液洗下管壁的有色物质，如此连续 2~3 次，直至洗净为止。

⑦ 补充洗脱液。持续用洗脱液洗脱，通过活塞控制流出速度。注意当洗脱液面接近石英砂面时应及时补充洗脱液，以保证整个过程都有洗脱液覆盖吸附剂。观察随着洗脱进行在柱中形成的色带。

⑧ 当最先下行的色带快流出时，更换另一锥形瓶接收，继续洗脱，至滴出液近无色为止，再换一接收瓶。

⑨ 当第二色带快流出时，更换另一锥形瓶接收，继续洗脱，至流出液近无色为止，再换一接收瓶。类似地，收集第三色带。

⑩ 将第一色带洗脱液收集在一起，用旋转蒸发仪除去溶剂，得到橙色固体。类似地，除去第二和第三色带洗脱液中的溶剂，分别得到橙色固体，称重。

⑪ 在载玻片上用显微熔点仪测第二色带产品（乙酰二茂铁）的熔点，计算收率。

⑫ 等色谱柱内的洗脱液流干之后，拆下色谱柱。用洗耳球将空气压入带有活塞的一端，将色谱柱内的吸附剂压到指定回收容器中。

五、注意事项

1. 装柱要紧密，要求无断层、无缝隙。
2. 在装柱、洗脱过程中，始终保持有溶剂覆盖吸附剂。

六、思考题

1. 在装填好的硅胶柱上方覆盖一层石英砂的目的是什么？
2. 与乙酰二茂铁相比，原料、副产物极性如何，洗脱的顺序又是什么？

实验7　纸色谱分离氨基酸

一、实验目的

1. 学习纸色谱法的基本原理及操作方法；
2. 学习氨基酸的简单分离与鉴定。

二、实验原理

氨基酸是重要的精细化工产品，在医药、日化、食品、轻工等多个行业用途广泛。由于极性大，氨基酸一般难以通过吸附硅胶色谱分析鉴定。与吸附硅胶色谱（TLC）不同，纸色谱法是用滤纸作为惰性支持物的分配色谱技术。其中，滤纸纤维上吸附的水是固定相，展开用的有机溶剂是流动相。色谱分离时，由有机溶剂和水组成的流动相沿滤纸一个方向展开，不同的组分在两相中不断分配（连续萃取）。由于分配系数不同，在滤纸上移动的速度不同，经过一定时间后出现在不同的位置（R_f）。纸色谱是精细有机化工中分离鉴定氨基酸、多肽、核酸碱基、糖、有机酸、维生素和一些抗生素等大极性物质的简便有效的分离分析技术。

三、主要仪器和试剂

仪器：色谱滤纸，培养皿，毛细管，剪刀，针，线，尺，展开缸，喷雾器，电吹风机，烘箱。

试剂：氨基酸溶液（0.5%的甘氨酸、脯氨酸、苯丙氨酸溶液及其混合液，各组分浓度均为0.5%）各10mL，冰醋酸，正丁醇，0.1%茚三酮丁醇溶液。

四、实验步骤

1. 展开剂的配制
将 20mL 正丁醇和 5mL 冰醋酸放入分液漏斗中，与 15mL 水混合，充分振荡，静置后分层，放出下层水层，得到约 4 份水饱和的正丁醇和 1 份乙酸的混合物，作为展开剂备用。

2. 上样

① 取长 20cm、宽 15cm 色谱滤纸一张。在纸的一端距边缘 2~3cm 处用铅笔划一条直线，在此直线上每间隔 3cm 作一记号。

② 用毛细管将各种氨基酸样品（包括混合液）分别点在 4 个位置上，注意控制每点在纸上扩散的直径最大不超过 2mm。风干后再点一次，以增加样品上载量。如果样品浓度稀，可以重复点样、风干、点样，直至达到满意的量。纸色谱可以平铺展开（与薄层色谱类似），也可以用线将滤纸缝成筒状进行展开，以节省展开缸空间，纸的两边缘不能接触，一般留有 1cm 左右空隙（图 3-9）。

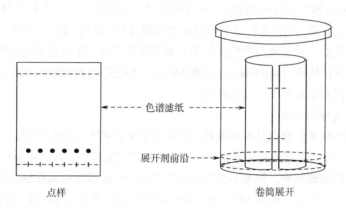

点样　　　　　　　　　　　卷筒展开

图 3-9　纸色谱（卷筒）分离示意图

3. 展开

将约 20mL 展开剂置于密闭的展开缸中，点样的一端在下，将滤纸筒直立于中心，不要碰到四壁，点样线高于展开剂的液面约 1cm，静置展开。待展开剂前沿达到 15cm 以上时，取出滤纸，在展开剂前沿划线，自然晾干或用电吹风机冷风吹干。

4. 显色

用喷雾器均匀喷上 0.1% 茚三酮正丁醇溶液，然后置于 90~100℃ 烘箱中烘烤几分钟或用热风吹干，观察显出的各色谱斑点。

5. 计算

计算各种氨基酸的 R_f 值，确定混合样中各个氨基酸。

五、注意事项

手上的汗渍也会被茚三酮显色，因此在操作过程中，特别是接触滤纸时，最好戴手套。

六、思考题

1. 按原理分类，还有哪些种类的色谱技术？
2. 纸色谱能否进行双向展开？若能，如何进行？

第4章　精细有机化学品合成技术

4.1　无水无氧操作技术

在化学实验中,经常会涉及一些对空气中的氧气和水敏感的化合物,需要在无水无氧条件下操作。为此,化学家们通过长期的实践积累和探索,发明了一些专用的仪器设备,总结出一些较为完善的操作方案,用以进行空气敏感化合物的反应、分离、纯化、转移、分析及储存等。目前,应用最广泛的无水无氧实验操作技术方案主要有三种:①高真空线操作技术(vacuum-line);②手套箱操作技术(glove-box);③Schlenk(希莱克)操作技术。这三种操作技术各有优缺点,具有不同的适用范围,互为补充。

(1)高真空线操作技术

高真空线操作技术的特点是真空度高,很好地排除了空气,适用于气体与易挥发物质的转移、储存等操作。在高真空线操作系统中,所使用的试剂量较少,从毫克级到克级。由于真空系统一般采用无机玻璃制作,因此不适合氟化氢及其他一些活泼的氟化物的操作。

高真空线操作真空度一般在 $10^{-4} \sim 10^{-7}$ kPa,对真空泵和仪器安装的要求较高,需要机械泵和扩散泵串联,同时还要使用液氮冷阱。在真空及一定温差下,液体样品(热端)汽化后可由一个容器转移到另一个容器里(冷端),而且所转移的液体不溶有任何气体。升华的固体也可以在真空线上进行转移。在高真空线上非常适合样品的封装、液体转移等。

(2)手套箱操作技术

手套箱中的空气用惰性气体置换后,即形成一个在惰性气体氛围保护下的小型实验室,操作人员从外部透过手套进行实验操作,因此称为手套箱。大型的手套箱由循环净化惰性气体的恒压操作室与可减压的前室两部分组成,两部分间有承压闸门,前室在放入所需的物品后即关闭抽真空并通入惰性气体,当前室达到与操作室等压时,方可打开内部闸门,将所需物品送入操作室。操作室相当于一个小型实验室,可进行各种实验操作。但是用橡皮手套进行实验操作不太方便,而且常年维持手套箱内无水无氧环境成本也很高。

(3)Schlenk 操作技术

Schlenk 操作技术的特点是在惰性气体气氛下,将体系反复抽真空-充惰性气体,排除体系内的水和空气。Schlenk 操作对真空度要求不高,一般真空泵都能实现。另外,Schlenk 操作既可以使用特殊的 Schlenk 型玻璃仪器,也可以使用常规玻璃仪器进行,比高真空线和手套箱更简便实用、有效,安装和维护成本低。因此 Schlenk 操作技术是最常用的无水无氧操作体系,已被化学工作者广泛采用。本书的无水无氧实验都是采用 Schlenk 无水无氧操作系统。

Schlenk 系统的核心是双排气体分配器(双排管),分别连接真空系统和保护气体(一般为氮气或氩气)。分配器上带有可独立控制的两气道三通活塞,转动活塞分别连通氮气、关闭和真空,如图 4-1 所示。

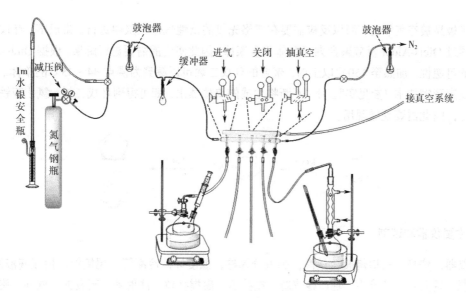

图4-1　Schlenk无水无氧操作系统示意图

置换反应瓶内空气为保护气体，只需要抽气/充气循环即可。即：①先将反应瓶通过真空橡胶管连接到双排管的三通头，其余出口密封。转动活塞，连接真空管，由真空系统抽气，至瓶内气体基本排尽（抽气开始时泵有明显噪声，真空达到泵的极限时，噪声消失）。②调大氮气气流，关闭氮气出口鼓泡器，转动双排管的三通活塞至进气状态，注意观察水银安全瓶水银柱高度变化。当水银安全瓶水银柱上升时，说明体系在负压状态；随着进气，系统真空降低，水银柱下降，直至水银安全瓶有气体鼓出时，体系达到正压，完成一个循环。一般循环3次即基本将反应瓶内空气置换完成。然后再将出口鼓泡器打开，调节氮气气流至2~3个气泡/s，使系统处于氮气保护之下。

实验8　二茂铁的合成

一、实验目的

1. 学习无氧实验操作技术；
2. 学习二茂铁的合成及性质；
3. 验证 Diels-Alder 反应的可逆性；
4. 巩固反应精（蒸）馏技术。

二、实验原理

二茂铁常温下为橙色晶体，对空气和水稳定，熔点为 173~174℃，高于 100℃升华，加热至 400℃也不分解，对碱和非氧化性酸稳定。二茂铁的合成及结构鉴定是现代化学发展的里程碑事件之一，展现了碳与金属新的成键形式。环戊二烯基负离子（茂）中五个碳原子与铁离子等价成键，形成夹心三明治结构。二茂铁中以茂基存在的环戊二烯部分具有芳香性，可以发生芳烃的亲电取代，而不再表现出烯烃的性质（参见实验6）。二茂铁及其衍生物可作火箭燃料添加剂、汽油抗震剂、橡胶防老剂和单电子转移反应引发剂等。

本实验利用氢氧化钾作为碱脱除环戊二烯的酸性氢形成环戊二烯负离子，再与氯化亚铁在乙二醇二甲醚和二甲亚砜混合溶液中反应生成二茂铁。虽然二茂铁对空气稳定，但是环戊二烯负离子极易被空气氧化，所以反应需要在严格无氧的惰性气体气氛中进行。常温下，环戊二烯即可通过 Diels-Alder 反应聚合为二聚体和多聚体，因此使用前需要进行解聚。根据 Diels-Alder 反应的可逆性，加热至150℃以上时，聚合的环戊二烯可以解聚为沸点44~45℃的单体。因此采用反应蒸馏技术（参见实验3），不断将生成的单体蒸出，即可得到环戊二烯。氯化亚铁容易被氧化，因此需要现做现用。

三、主要仪器和试剂

仪器：烧杯，三口烧瓶，量筒，刺型分馏柱，温度计，冷凝管，尾接管，恒压滴液漏斗，锥形瓶，具活塞三通接头，翻口橡皮塞，搅拌器，磁搅拌棒，注射器，蒸发皿，漏斗，旋转蒸发仪，熔点仪。

试剂：铁粉，铁钉，浓盐酸，氢氧化钾，乙二醇二甲醚，二甲亚砜，环戊二烯，去离子水。

四、实验步骤

1. 氯化亚铁的制备

① 在250mL烧杯中加入15mL浓盐酸和18mL去离子水。将烧杯放到80℃的水浴中，用玻璃棒搅拌加热10min。用药匙分批往盐酸内加入事先称量好的4.0g铁粉，搅拌至不再有气泡冒出。用砂芯漏斗将上述溶液趁热过滤，得浅蓝色清亮溶液。

② 将滤液转移到蒸发皿中，加两枚用盐酸洗过的小铁钉。加热蒸发，等到溶液有白色结晶析出并变得黏稠时停止加热，冷却至室温，析出结晶。用布氏漏斗抽滤，并用滤纸挤压除去水分，得到四水合氯化亚铁，转移到干燥器内备用。

2. 环戊二烯解聚蒸馏

① 在电磁搅拌器上放好油浴，取50mL三口烧瓶，固定在电磁搅拌器上并置于油浴中。往三口烧瓶中加入磁搅拌棒和25mL环戊二烯，依次装上20~30cm刺型分馏柱、温度计、冷凝管、尾接管和接收瓶。为了减少接收的环戊二烯单体再聚合，将接收瓶放在冰水浴中。

② 接通冷凝水，开启油浴加热至150℃以上时，开始有馏分蒸出，收集40~44℃的馏分，即为环戊二烯单体，备用。

③ 降温至室温后，撤除解聚蒸馏装置。

3. 二茂铁的合成

① 取250mL三口烧瓶，固定在电磁搅拌器上，加入25g片状KOH，加入磁搅拌棒。

② 取100mL恒压滴液漏斗，用翻口橡皮塞封口，将其装在三口烧瓶一个侧口上。三口烧瓶中间口装上冷凝管，冷凝管上通过玻璃接头与Schlenk无水无氧操作系统连接，开启系统将空气置换为氮气，保持体系正压。

如果没有Schlenk无水无氧操作系统，则冷凝管上装具活塞三通接头，分别通过橡皮管连接真空系统和氮气源（钢瓶、氮气袋或气球）。三口烧瓶另一侧口用翻口橡皮塞封口。将冷凝管上具活塞三通接头转向真空系统，开启真空系统抽气。当压力达到预定真空度后（如果达不到真空，检查气密性），将具活塞三通接头转向氮气源，往烧瓶中充氮气，至压力平衡后，停止进气。重复抽真空和充氮气操作 3 次以上，将体系中的空气尽量完全置换成氮气。关闭真空系统，并将原连接真空系统的接口接上油封管。调节具活塞三通接头，使氮气源、烧瓶和油封相通，并维持氮气流量为油封管一个接一个气泡地鼓出氮气，以使整个反应体系一直处于氮气正压气氛之下。

③ 用注射器抽取 50mL 乙二醇二甲醚，加入三口烧瓶中（通过翻口橡皮塞密封的三口烧瓶侧口或恒压滴液漏斗）。再取 6mL 环戊二烯单体，注入恒压滴液漏斗中。开启电磁搅拌器电源，搅拌下将环戊二烯滴加到三口烧瓶中。搅拌反应 30min，得到浅红至深红色的环戊二烯钾（茂钾）溶液。

④ 另取锥形瓶，加入步骤①制备的四水合氯化亚铁和 25mL 二甲亚砜，搅拌使其溶解。然后用注射器将氯化亚铁溶液转移到恒压滴液漏斗中。在 20min 内将氯化亚铁溶液滴加到茂钾反应液中，滴加完毕后继续搅拌反应 1h。

⑤ 关闭氮气连接，撤去冷凝管和恒压滴液漏斗，将反应液小心倒入足量冰水中。保持冰水冷却和搅拌下，加盐酸调节 pH 至接近中性（弱酸或弱碱），得到悬浮液。用砂芯漏斗过滤得到的滤饼为二茂铁粗品，抽干。

⑥ 将粗品转移到干燥的蒸发皿中，并用一张穿有许多小孔的圆滤纸平罩在蒸发皿上，距皿底约 2~3cm。滤纸上再倒扣一大小合适的普通玻璃漏斗，漏斗颈用一团棉花塞住。

⑦ 加热蒸发皿，温度控制在 140~170℃，二茂铁升华到滤纸上方及漏斗壁。升华完毕后关掉加热，小心将升华的金黄色片状二茂铁晶体转移到表面皿中，称重，计算产率，测熔点。

⑧ 拆除实验装置，清洗仪器。

五、注意事项

1. 环戊二烯沸点低、易挥发且气味大，需在通风橱中小心取用，尽量不要洒在实验台上。
2. 升华提纯粗品二茂铁时，蒸发皿的温度不要超过 180℃。

六、思考题

1. 为什么氯化亚铁要新制备的？
2. 环戊二烯钾本身无色，而环戊二烯与氢氧化钾反应液的颜色是怎么形成的？颜色深说明什么？

实验9　格氏试剂的制备与应用

一、实验目的

1. 学习格氏试剂的制备；
2. 巩固无水无氧 Schlenk 操作实验技术；
3. 了解主族金属有机试剂在精细有机化学品合成中的应用。

二、实验原理

主族和第二副族金属形成的含 C—M 键的金属有机试剂已经广泛应用于精细有机化工的生产和科研。其中，稳定性较高、反应性良好、制备方便、实用的金属有机试剂是由 Grignard 发展起来的有机卤化镁化合物（RMgX，X=Cl，Br，I），又称格氏试剂。由于格氏试剂的 C—Mg 键的极性很大（部分接近离子键），表现出活性碳负离子行为，即强碱性和亲核性，对干燥空气也敏感。格氏试剂作为碱会与水以及其他含有活泼质子的物质如醇或胺反应，作为亲核试剂会与在有机化合物中广泛存在的醛、酮或酯官能团等发生加成反应，因此在有机合成中应用广泛。

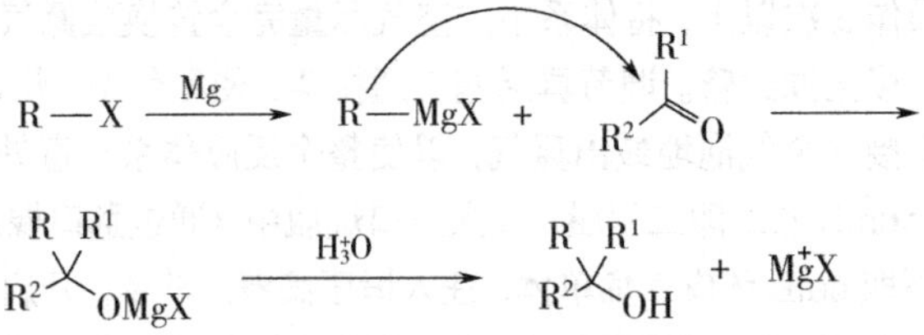

在上述格氏反应中，镁原子插入碳卤键，形成一个亲核性的碳，然后对具有亲电性的羰基上的碳原子进行加成，生成的醇镁在酸性条件下水解成醇。

除了乙基卤化镁、苯基卤化镁等少数格氏试剂有商品销售外，大部分情况下格氏试剂都是现用现做。一般格氏试剂是通过氯、溴或碘代烃与金属镁在醚类溶剂中反应形成的。格氏试剂本身对烷基卤代烃的 SN_2 取代反应活性较差，因此通过烷基卤代烃与镁反应制备时不会有大量伍兹偶联副产物。由于对水和氧气的反应活性高，因此格氏试剂的制备、储存和使用都需要在无水无氧条件下进行。

本实验是制备对二甲氨基苯基格氏试剂，并与碳酸酯反应合成结晶紫染料。格氏试剂与酯反应，中间体酮活性比酯更高，因此会继续反应形成醇。而三苯甲醇易于在酸性条件下脱除羟基，形成大共轭体系。当有助色团时，如氨基，会使颜色加深成为染料。

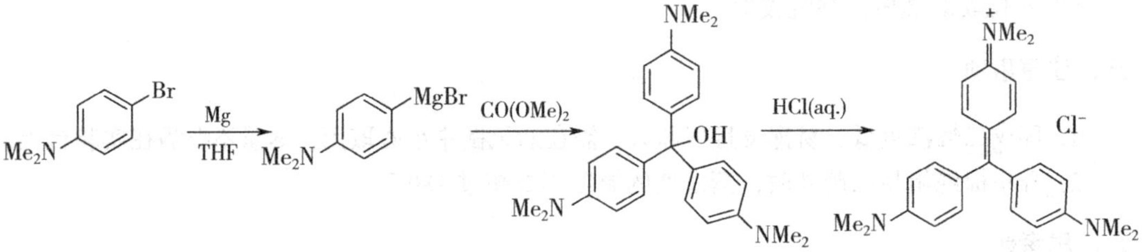

三、主要仪器和试剂

仪器：圆底烧瓶，电加热套，溶剂接收球，恒压滴液漏斗，球形冷凝管，具活塞三通接头，油封，三口烧瓶，电磁搅拌器，油浴，真空系统，温度计，翻口塞，针筒，布氏漏斗，铁架台。

试剂：四氢呋喃，钠丝，二苯甲酮，氮气源，对二甲氨基溴苯，单质碘，镁条，二甲氨基溴苯，碳酸二甲酯，盐酸。

四、实验步骤

1. 四氢呋喃除水除氧

① 取干燥的 500mL 圆底烧瓶，置于电加热套中，并固定在铁架台上。往圆底烧瓶内加入 250mL 分析纯四氢呋喃、4~5g 新压制的钠丝和 3~4g 二苯甲酮。将圆底烧瓶装上溶剂接收球（或恒压滴液漏斗）和球形冷凝管，固定在同一铁架台上。球形冷凝管上方接具活塞三通接头，并分别连接油封和氮气源（钢瓶、氮气袋或气球）或直接连接 Schlenk 无水无氧操作系统 [如图 4-2（a）所示]。

② 打开氮气阀门，转动具活塞三通接头，使氮气与体系相通，并保持油封缓慢有氮气鼓出。接通冷凝水，开通电加热套电源加热，使四氢呋喃沸腾回流，溶剂接收球（或恒压滴液漏斗）活塞开向回流方向，使冷凝的四氢呋喃重新回到圆底烧瓶中。

③ 保持四氢呋喃沸腾直至溶液变蓝。关闭溶剂接收球（或恒压滴液漏斗）活塞，收集四

氢呋喃至 200mL 左右，圆底烧瓶中有 30～50mL 左右的液体，不能将圆底烧瓶内所有液体蒸干，否则容易发生危险。关闭电加热套电源，保持体系氮气正压，冷却至室温，溶剂待用。

2. 格氏反应合成染料

① 取 250mL 三口烧瓶置于油浴中，并固定在电磁搅拌器上。三口烧瓶两个侧口分别装上温度计和恒压滴液漏斗（顶端翻口塞封口），中间装上球形冷凝管，球形冷凝管上端连接 Schlenk 无水无氧操作系统，除尽体系中水和空气，保持氮气正压 [如图 4-2（b）所示]。如果没有 Schlenk 无水无氧操作系统，参照实验 8 的简易装置。

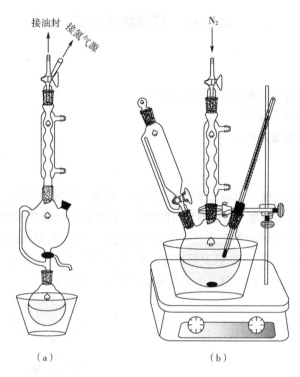

图4-2 四氢呋喃精制（a）与格氏试剂制备（b）装置

② 往烧三口瓶中加 3.0g 对二甲氨基溴苯、15mL 新处理的四氢呋喃、几颗单质碘和 3.3g 新处理镁条。另外，用针筒抽取 17.0g 二甲氨基溴苯加入恒压滴液漏斗，再加入 60mL 四氢呋喃，混合均匀。

③ 打开冷凝水，开启搅拌，用油浴将体系温度加热至 45℃或轻微回流，直到格氏反应引发（碘褪色）。从恒压滴液漏斗中滴加剩余对二甲氨基溴苯溶液，控制滴加速度，保持轻微回流（如果回流剧烈，应暂时撤去油浴）。滴加完毕后保温搅拌反应 1.5h。停止搅拌，撤去油浴使体系冷却至室温待用（注意调节氮气进气速度，保持系统氮气氛正压）。

④ 用针筒抽取 13.6g 碳酸二甲酯加入恒压滴液漏斗，开启搅拌，慢慢滴加进格氏反应液中，观察温度变化，控制滴加速度。滴加完毕后，油浴加热至回流，搅拌反应 1h。

⑤ 停止搅拌，撤去油浴使体系冷却至室温。用稀盐酸酸化，析出固体，布氏漏斗过滤得到产物，抽干，称重，计算产率。

五、注意事项

1. 处理四氢呋喃剩余的金属钠要转移到指定的专用回收容器中，等待回收或处理。千万不可将金属钠倒到水槽中或往里加水，防止发生火灾或爆炸！

2. 注意随着反应冷却，要相应调节氮气进气速度，保持体系始终在氮气正压，防止空气倒吸。

六、思考题

1. 影响格氏试剂制备反应引发的因素有哪些？
2. 格氏反应能否用于合成酮或醛？
3. 粗产品纯度不高，如何纯化？

实验10　苯硼酸的合成

一、实验目的

1. 巩固无水无氧操作和格氏试剂的制备方法；
2. 学习低温实验基本操作；
3. 学习芳硼酸的制备方法。

二、实验原理

芳硼酸的制备一般先由芳卤转化成芳基负离子（格氏试剂或锂试剂），然后再与三烷基硼酸酯反应，水解得到芳基硼酸。为了得到高的收率，反应温度一般在−40℃以下，主要是由于三烷基硼酸酯与芳基格氏试剂的反应是一个连续的过程，即一次芳基化形成的一芳基硼酸酯中间产物会进一步发生二次、三次甚至四次芳基化连串反应，形成二芳基亚硼酸、三芳基硼烷，甚至四芳基硼盐（图4-3），温度越高生成多芳基产物的速率越快。

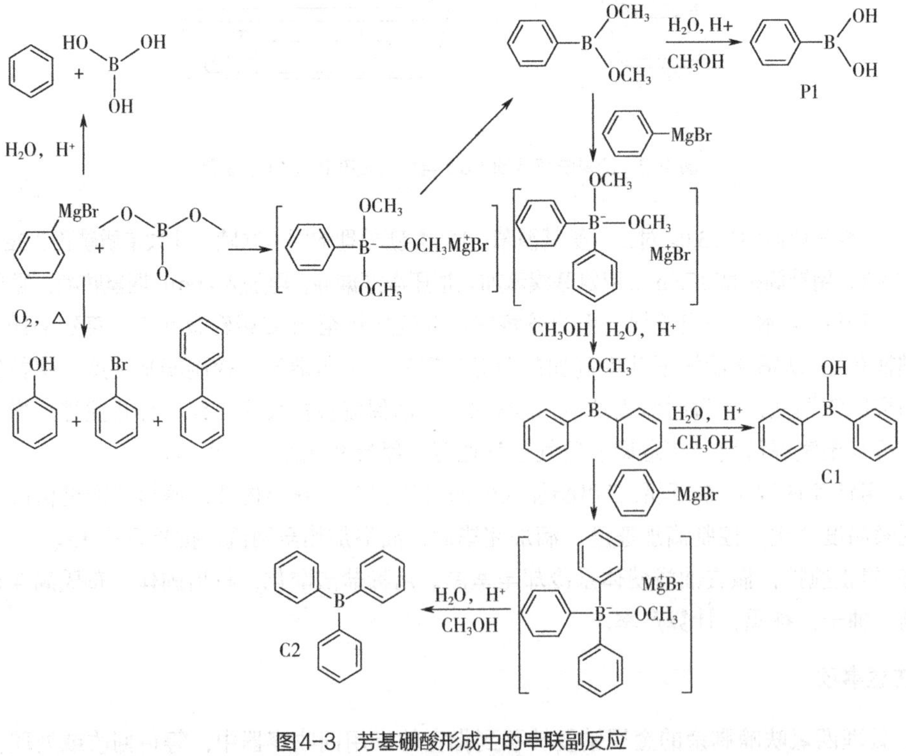

图4-3　芳基硼酸形成中的串联副反应

芳基格氏试剂反应活性适中，价格便宜，是最常用的芳基金属有机试剂之一。只有在芳卤活性较差、不适合进行格氏反应时才采用锂试剂。本实验采用格氏试剂法制备苯硼酸。

三、主要仪器和试剂

仪器：电磁搅拌器，磁搅拌棒，三口烧瓶，低温恒温槽，油浴，单口烧瓶，量筒，球形回流冷凝管，恒压滴液漏斗，低温温度计，布氏漏斗，旋转蒸发仪。

试剂：无水四氢呋喃，碘，溴苯，镁带，氮气源，硼酸三甲酯，盐酸，活性炭，pH 试纸。

四、实验步骤

苯基溴化镁的制备步骤同实验 9 格氏反应合成染料①～③步骤，苯硼酸的制备步骤如下。

① 用低温恒温槽（或干冰乙醇浴）代替制备苯基溴化镁的油浴，开动搅拌，冷却至-60℃。冷却过程中注意调节氮气进气流速，保持体系氮气正压。

② 取 30g 硼酸三甲酯加入恒压滴液漏斗中，加入 25mL 四氢呋喃，混合后快速滴加至摩尔比为 0.7～0.8 的苯基溴化镁中，维持-60℃搅拌反应 30min。

③ 关闭低温恒温槽，反应液升温至室温，继续搅拌 1h。

④ 取 5%盐酸（100mL 左右）加入恒压滴液漏斗中，剧烈搅拌下缓慢滴加盐酸溶液，不时用 pH 试纸检测 pH，当 pH 达到 2～3 时停止滴加。

⑤ 关闭氮气进气阀，撤除反应装置，用布氏漏斗过滤反应液，除去固体杂质。将所得滤液转移到 500mL 梨形烧瓶中，用旋转蒸发仪将有机溶剂全部蒸除，得粗产品。

⑥ 粗产品用去离子水热重结晶。先加入一定量去离子水，加热至沸腾，补充水使固体全部溶解。

⑦ 稍冷后小心加入 3g 活性炭，煮沸脱色 30min。

⑧ 预热布氏漏斗，热过滤除去活性炭，将滤液趁热转移到 250mL 圆底烧瓶，冷却结晶。用布氏漏斗抽滤，得到白色固体。晾干，称重，计算产率。

五、注意事项

1. 制备格氏试剂时往往加入 1 小粒单质碘帮助引发，如果仍然不能引发可加入 0.5mL 1,2-二溴乙烷进一步活化镁。

2. 重结晶时沸水溶解产物后，先冷却一下，然后再加入活性炭，这样可以避免加入活性炭时暴沸。

六、思考题

1. 为什么硼酸三甲酯要过量，且加入格氏试剂中的速度要快？

2. 以硼酸三丁酯或三异丙基酯替代硼酸三甲酯，结果会怎样？

实验 11　铃木偶联反应合成 4-甲基联苯

一、实验目的

1. 验证过渡金属催化交叉偶联反应理论；

2. 学习基本的过渡金属均相催化实验技术；

3. 掌握无氧操作技术；
4. 学习用 TLC 跟踪反应进程。

二、实验原理

芳烃的取代在精细化学品合成中占有重要地位。相比于亲电取代，芳烃的亲核取代反应底物适用范围窄，反应条件苛刻，实际应用有限。20 世纪 70 年代，金属有机化学家发现在镍和钯等过渡金属催化剂存在下，传统上惰性的芳基卤化物能与多种金属有机试剂，例如格氏试剂（Kumada 偶联）、有机锌试剂（Negishi 偶联）、有机锡试剂（Stille 偶联）、有机硅试剂（Hiyama 偶联）和有机硼试剂（Suzuki 偶联，即铃木偶联），甚至原位形成的炔铜（Sonogashira 偶联）进行类似于亲核取代的偶联反应，形成 C—C 键。

$$Ar—X + R—Mg—X \longrightarrow Ar—R \qquad Kumada\ 偶联$$

$$Ar—X + R—Zn— \longrightarrow Ar—R \qquad Negishi\ 偶联$$

$$Ar—X + R—Sn\diagup \longrightarrow Ar—R \qquad Stille\ 偶联$$

$$Ar—X + R—Si(OR)_3 \longrightarrow Ar—R \qquad Hiyama\ 偶联$$

$$Ar—X + R—B\diagup \longrightarrow Ar—R \qquad Suzuki\ 偶联$$

$$Ar—X + R—\!\!\equiv\!\!— \longrightarrow Ar—\!\!\equiv\!\!—R \qquad Sonogashira\ 偶联$$

显然，这类反应的过程与传统的亲核或亲电取代不同，而是经过一系列过渡金属参与的基元反应，最终形成 C—C 键。目前公认的反应机理是由 Kumada 提出的包括氧化加成（oxidative addition）、转金属化（transmetalation）和还原消除（reductive elimination）三个基元步骤的催化循环过程（图4-4）。

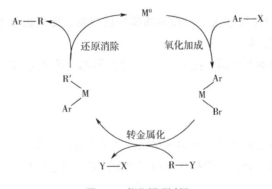

图4-4 催化循环过程

虽然催化过程和产物类似，但是各个反应使用的金属有机试剂性质差异较大，并且导致相应反应的操作和适用范围有显著区别。例如，使用格氏试剂的 Kumada 偶联、有机锌试剂的 Negishi 偶联要求无水无氧操作，底物中不能存在活泼羰基、活泼质子基团等，官能团兼容性低。而使用有机锡试剂的 Stille 偶联、有机硅试剂的 Hiyama 偶联和有机硼试剂的铃木偶联则对水稳定，甚至可以在水溶液中进行，大大简化了操作，提高了安全性，且官能团兼容性很高。但是有机锡试剂有毒，有机硅试剂活性较低，限制了实际应用，而芳基硼酸反应活性适中，无（低）毒，副产物易于除去，受到广泛欢迎。经过多年的实践检验，与其他过渡金属催化的偶联反应相比，铃木偶联反应主要有以下几个公认的优点。

① 反应条件相对较温和，各种硼酸及其衍生物相对于其他偶联反应中所用的有机金属试剂稳定性高，安全性好，储存和使用方便。

② 反应的后处理很简单，含硼副产物无毒且可以回收，这对于工业生产来说是很有优势的。

③ 官能团兼容性好，对羰基、羟基、氨基等都可以耐受。

除了一般的电子和立体效应，铃木偶联反应的难易程度还与以下因素直接相关。

① 芳基卤化物。通常来说，卤代芳烃反应速率的排列顺序是碘代芳烃＞溴代芳烃＞氯代芳烃。相同类型的卤代物，芳环电子密度越高，空间位阻越大，则反应越慢。

② 碱。在没有碱参与的情况下，偶联反应很难进行，甚至不反应。反应中碱的影响不仅取决于碱（负离子）的强弱，而且要兼顾阳离子的性质。通常来说，大的阳离子的碱，如 Ba^{2+} 和 Cs^+，会加速反应。

③ 溶剂。铃木偶联对溶剂要求不高，常用的质子、非质子、极性、非极性溶剂在铃木偶联中都可以使用，但是溶剂选择需要与碱组合考虑。常用组合有 $Ba(OH)_2$/95%乙醇，Na_2CO_3、K_2CO_3、Cs_2CO_3/二氧六环、DMF、CsF、K_3PO_4/甲苯等。

④ 催化剂。铃木偶联的催化剂种类繁多，但是主要以钯和镍化合物为主。均相催化剂的配体对铃木偶联反应的影响很大，主要表现为对 Ar—X 键氧化加成中的活性。催化剂研究也是目前铃木反应研究中最前沿、最有挑战性的一个领域，仍在不断发展之中。

经过不断改进和提高，目前铃木偶联已成为现代有机合成中碳碳键形成的最简便高效的技术之一。本实验以苯硼酸、对溴甲苯为底物，在聚乙二醇/水中，以乙酸钯为催化剂制备对甲基联苯，学习铃木偶联的一般操作过程。

三、主要仪器和试剂

仪器：三口烧瓶，烧杯，圆底烧瓶，电磁搅拌器，球形冷凝管，温度计，量筒，具活塞接头，真空系统，分液漏斗，注射器，色谱展开缸，布氏漏斗，旋转蒸发仪。

试剂：苯硼酸，对溴甲苯，无水碳酸钠，乙酸钯，聚乙二醇 2000，去离子水，甲醇，二氯甲烷，无水硫酸镁，氮气源。

四、实验步骤

① 取 250mL 三口烧瓶置于油浴中，并固定在电磁搅拌器上。三口烧瓶一个侧口装上温度计，另一个侧口用翻口塞密封，中间装上球形冷凝管，球形冷凝管上端连接 Schlenk 无水无氧操作系统，除尽体系中的水和空气，保持氮气正压。如果没有 Schlenk 无水无氧操作系统，参照实验 8 的简易装置。

② 打开翻口塞密封的侧口，往三口烧瓶内分别加入 30mL 聚乙二醇 2000、25mL 去离子水、2.12g 无水碳酸钠、1.58g 苯硼酸、1.71g 对溴甲苯和 22mg 乙酸钯，放入磁搅拌棒，再重新

用翻口塞密封。

③ 开动搅拌，打开冷凝水，开启油浴加热电源，将体系升温至 90℃ 左右反应 1.5h。其间可以用注射器在翻口塞密封侧口取样，用 TLC（石油醚作展开剂）监测反应进程。

④ 停止加热，冷却至室温，关闭氮气阀门，撤除球形冷凝管、温度计。将反应液转移到 100mL 分液漏斗中，用 3×25mL 二氯甲烷萃取。合并萃取液并转移到 250mL 圆底烧瓶中，加入 8.0g 无水硫酸镁干燥。

⑤ 过滤除盐，滤液用旋转蒸发仪将溶剂全部蒸除，得到粗品。将粗品用 15mL 甲醇搅拌打浆 20min，洗去极性杂质。用布氏漏斗过滤，干燥滤饼，称重，计算产率。将产品转移到指定回收容器中，清洗仪器。

五、注意事项

铃木偶联对氧气敏感度不高，也可以用一个气球封闭反应体系加以保护，但不能直接将反应体系密闭，以防产生压力。

六、思考题

1. 如何判断产品的纯度？
2. 聚乙二醇 2000 在反应中的作用是什么？

实验12　赫克反应合成 2-甲基-3-苯基丙醛

一、实验目的

1. 学习赫克反应技术及机理；
2. 巩固无氧操作技术；
3. 掌握 TLC 跟踪反应进程；
4. 巩固减压蒸馏操作。

二、实验原理

与金属（元素）有机试剂参与的经由 Kumada 机理的各类交叉偶联反应不同，赫克（Heck）反应是过渡金属催化的烯烃与卤代物之间的 C—C 形成反应（图 4-5）。

赫克反应主要用于芳基乙烯类结构的形成。芳基取代的位置与烯烃取代基的电子效应密切相关。一般对于含共轭双键的底物，例如丙烯酸衍生物、芳基乙烯，基本上在 β 位芳基化；而对于烯醇醚类底物，主要在 α 位芳基化。赫克反应机理中，活化卤代烃的氧化加成和再生催化剂的还原消除步骤与 Kumada 机理的交叉偶联类似，但是不存在转金属化步骤，取而代之的是烯烃的插入与烷基中间体的 β-H 消除。

烯烃插入和烷基中间体的 β-H 消除都是专一性顺式过程。如果 β 位不存在可以消除的氢原子，则可能发生异构化或水解，形成异构化或加成等热力学稳定的非典型产物。

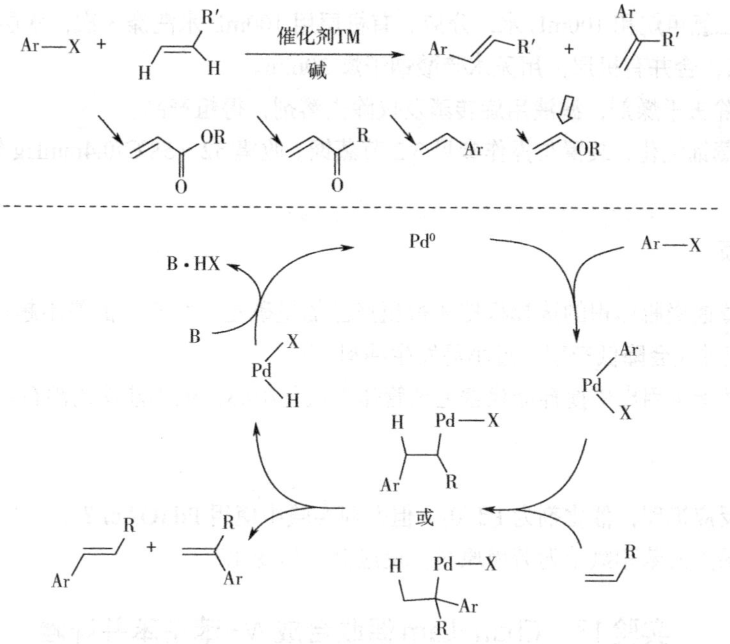

图4-5 赫克反应及其机理

本实验是利用乙酸钯为催化剂，碘苯与 α-甲基烯丙醇反应，生成苯丙醛类产物。催化过程是典型的赫克反应循环，但是产物是非典型的热力学稳定异构化产物。

$$PhI + CH_2{=}C(CH_3)CH_2OH + Et_3N \xrightarrow[CH_3CN，回流]{Pd(OAc)_2} PhH_2C{-}CH(CH_3){-}CHO + Et_3NH^+I^-$$

三、主要仪器和试剂

仪器：三口烧瓶，油浴，电磁搅拌器，磁搅拌棒，温度计，量筒，冷凝管，Schlenk 无水无氧操作系统，注射器，分液漏斗，色谱展开缸，减压蒸馏系统，旋转蒸发仪。

试剂：乙酸钯，碘苯，2-甲基-2-丙烯-1-醇，三乙胺，乙腈，氮气源，二氯甲烷，无水硫酸钠。

四、实验步骤

① 取 250mL 三口烧瓶置于油浴中，并固定在电磁搅拌器上。三口烧瓶一个侧口装上温度计，另一个侧口用翻口塞密封，中间装上冷凝管，冷凝管上端连接 Schlenk 无水无氧操作系统，除尽体系中的水和空气，保持氮气正压。如果没有 Schlenk 无水无氧操作系统，参照实验 8 的简易装置。

② 打开翻口塞密封的侧口，往三口烧瓶内分别加入 0.49g 乙酸钯、20.4g 碘苯、9.0g 2-甲基-2-丙烯-1-醇、12.6g 三乙胺以及 30mL 乙腈，放入磁搅拌棒，再重新密封侧口。

③ 开启冷凝水和电磁搅拌器，在氮气保护下，油浴温度 100℃，回流反应。其间可以用注射器在翻口塞密封侧口取样，用 TLC（石油醚-乙酸乙酯作展开剂，100:1）监测反应进程。

④ 当达到满意的转化率时，停止加热，冷却至室温，将反应液转移至 500mL 分液漏斗中，

加入 100mL 二氯甲烷和 100mL 水，分液。有机层用 100mL 水洗涤 3 次，水层用 100mL 二氯甲烷再次萃取，合并有机层，用无水硫酸钠干燥 30min。

⑤ 过滤除去干燥剂，滤液用旋转蒸发仪除去溶剂，得粗产品。

⑥ 减压蒸馏纯化，装置与操作参见 3.2 节蒸馏。收集 52~58℃/0.4mmHg 馏分，称重，计算产率。

五、注意事项

1. 减压蒸馏烧瓶体积的选择根据所得粗产品的量确定，粗产品的量不超过烧瓶体积的一半。烧瓶体积过大会降低产率，过小易发生冲料。

2. 减压蒸馏可用电磁搅拌器代替毛细管作为汽化中心，但不能使用沸石。

六、思考题

1. 按照反应机理，催化剂为 Pd(0)，但为何实验中使用 Pd(OAc)$_2$?

2. 如果采用溴苯和氯苯为芳卤原料，反应会有何变化?

实验 13　Chan-Lam 偶联合成 N-苯基苯并咪唑

一、实验目的

1. 学习 Chan-Lam 偶联反应;

2. 巩固薄层色谱跟踪反应进程;

3. 学习微量合成操作及混合溶剂重结晶。

二、实验原理

芳胺衍生物在染料、农药、医药和材料等精细化学品的科研与生产领域有着广泛的应用。芳氮键的形成一直是有机合成方法学研究的重点之一。早在 1903 年，Ullmann 等就报道了在计量的铜粉促进下，邻氯苯甲酸与苯胺反应形成 N-苯基邻氨基苯甲酸，即 Ullmann 芳氮偶联。Ullmann 芳氮偶联反应条件苛刻，不仅需要使用计量的金属铜，而且反应温度高（约 200℃），时间长，底物适用范围窄，产率一般较低，在很大程度上限制了其实际应用。

鉴于芳氮偶联技术巨大的应用价值以及早期经典芳氮偶联反应的各种缺点，同时受益于过渡金属催化化学的发展，20 世纪末，反应条件更加温和的过渡金属催化芳氮偶联反应终于发展起来。1995 年 Buchwald 和 Hartwig 分别报道了在碱存在下，钯催化芳卤与胺发生交叉偶联反应生成芳胺，即 Buchwald-Hartwig 偶联。Buchwald-Hartwig 偶联反应条件温和可调，官能团兼容性好，已经在医药、先进材料和天然产物的合成中得到广泛应用。然而，钯催化剂价格贵，且对空气稳定性不高。1998 年，中国科学院上海有机化学研究所马大为课题组率先发现氨基酸等螯合配体可以显著改善铜催化的 Ullmann 芳氮偶联反应的效率，改良了经典的 Ullmann 反应。

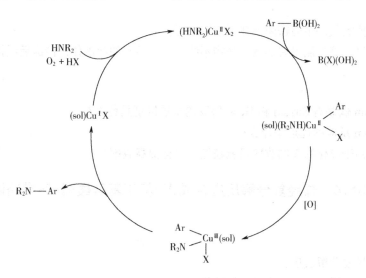

除了芳胺与芳卤的过渡金属催化芳氮偶联技术之外，Chan 和 Lam 等人发现在空气中，化学计量乙酸铜和吡啶或化学计量乙酸酮和三乙胺存在时，芳基硼酸可与含各种 NH 的化合物进行交叉偶联反应，生成 N-芳基化产物，即 Chan-Lam 偶联。

Chan-Lam 芳氮偶联条件温和，能在室温下空气中完成；芳基硼酸无毒，对空气和水稳定，副产物易除去，同时其有官能团兼容性好等特点，是较理想的芳基供体。原始的 Chan-Lam 偶联需要使用化学计量的铜盐，这是其为数不多的缺陷。但随着研究的不断深入，发现加热、使用甲醇等质子溶剂或提高氧气浓度，可以使反应在催化量铜盐促进下进行，特别是对于空气稳定且反应活性较高的咪唑等杂环底物，效果良好。Chan-Lam 偶联的机理十分复杂，目前仍然没有得到阐明。一般认为是经历 Ⅰ→Ⅱ→Ⅲ 价铜中间体的氧化还原过程（图 4-6）。

图4-6　Chan-Lam偶联Cu（Ⅰ→Ⅱ→Ⅲ）机理

本实验以氯化铜为催化剂，促进苯并咪唑与苯硼酸的偶联，形成 N-苯基苯并咪唑。反应在室温也可以进行，但加热可以显著加快反应速率。

三、主要仪器和试剂

仪器：圆底烧瓶，回流冷凝管，磁搅拌棒，电磁搅拌器，油浴，分液漏斗，砂芯漏斗，色谱展开缸，旋转蒸发仪。

试剂：苯硼酸，苯并咪唑，二水合氯化铜，无水甲醇，二氯甲烷，5%氢氧化钠溶液，无水硫酸钠，乙酸乙酯，石油醚。

四、实验步骤

① 向 25mL 圆底烧瓶中加入 0.152g 苯硼酸、0.118g 苯并咪唑、0.008g 二水合氯化铜和 10mL 无水甲醇，磁搅拌棒，并装上回流冷凝管。

② 置于电磁搅拌器上的油浴中，开启冷凝水，敞口搅拌加热回流反应。

③ 用乙酸乙酯和石油醚配制展开剂，1/30、1/15、1/10、1/3 等比例，确定对于苯并咪唑、苯硼酸和产物各自的合适展开剂（$R_f = 0.5$ 左右），用 TLC 跟踪反应进程。

④ 当 TLC 检测不到苯并咪唑时，停止加热，冷却至室温。

⑤ 用旋转蒸发仪除去溶剂，残留物用 2×10mL 二氯甲烷溶解，并转移至 50mL 分液漏斗中。用 5%氢氧化钠溶液洗涤，再水洗，有机层用无水硫酸钠干燥。

⑥ 过滤除去干燥剂，用少量二氯甲烷洗涤。向滤液中缓慢加入适量石油醚，至浑浊，放冰水中静置结晶。

⑦ 用砂芯漏斗过滤固体，抽干，TLC 鉴定纯度，称重，计算收率。

五、注意事项

1. 反应需要氧气，不能密闭或在氮气下进行。
2. 如果直接浓缩二氯甲烷溶液，产物不纯，可能得到油状液体，冷冻后缓慢固化。

六、思考题

1. Chan-Lam 偶联与 Suzuki 和 Heck 偶联的本质区别是什么？
2. Chan-Lam 反应的优点是什么？
3. 空气中易于氧化的胺的收率可能较低，怎样提高收率？

实验 14　烯烃复分解反应合成 N-叔丁基碳酸酯-3-吡咯啉

一、实验目的

1. 学习烯烃复分解反应；
2. 利用分子内烯烃复分解合成环烯结构；
3. 熟悉减压蒸馏分离技术。

二、实验原理

烯烃可以转化成烷烃，参与骨架构建以及转化成各种含杂原子的官能团，因此烯烃的形成在精细有机化学品中占有重要地位（图 4-7）。

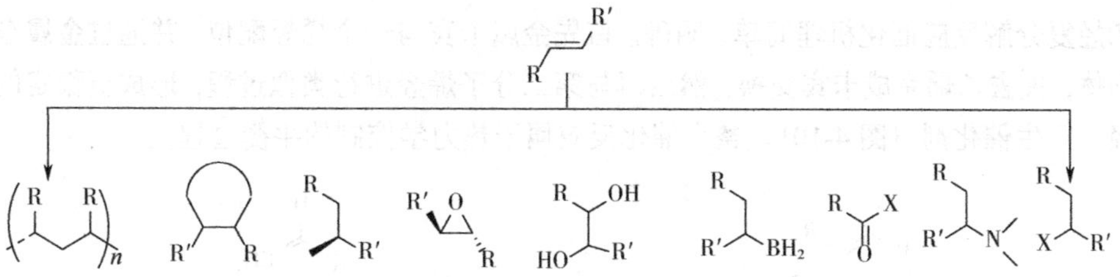

图4-7 烯烃的转化

有机化学家们已经发展了多种合成烯烃的方法，包括从烷烃衍生物消除小分子、从炔烃选择性还原等官能团转化技术，羟醛缩合和维蒂希（Wittig）反应等碳碳双键形成反应，以及在过渡金属卡宾催化下的烯烃复分解技术等（图4-8）。其中由格拉布（Grubbs）等人发展的烯烃复分解技术操作方便、清洁、官能团兼容性好，在基础和精细有机化工中都得到了广泛应用。

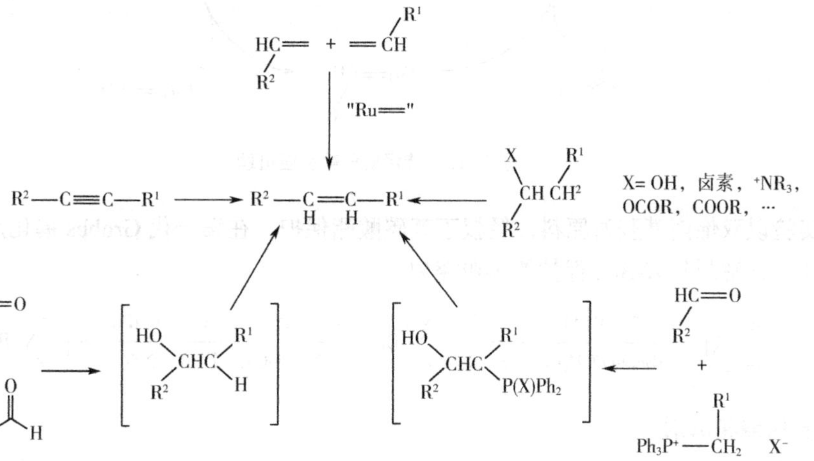

图4-8 烯烃的合成

烯烃复分解反应中催化剂对反应影响很大，从第一代有机膦支持的钌卡宾络合物经过配体改进已经发展出多个活性更高且使用更方便的变体（图4-9）。

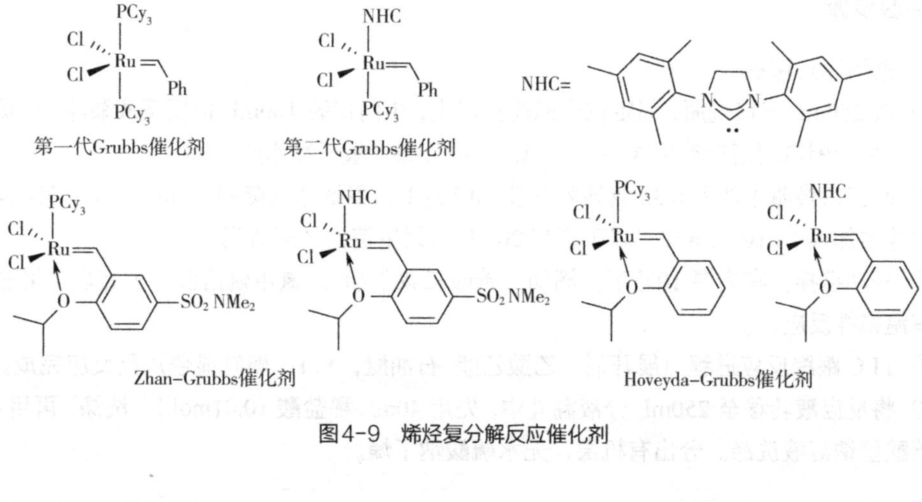

图4-9 烯烃复分解反应催化剂

烯烃复分解反应催化机理简单、明确。首先金属卡宾与一个烯烃配位，并通过金属杂 4 元环中间体，失去乙烯完成卡宾交换；然后再与第二分子烯烃进行类似过程，形成更稳定的多取代烯烃，再生催化剂（图 4-10）。整个催化反应属于热力学控制的平衡过程。

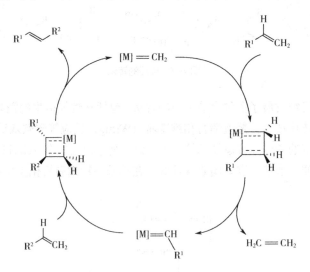

图 4-10　烯烃复分解反应机理

本实验以双烯丙基胺为原料，经叔丁基碳酸酯保护，在第一代 Grubbs 催化剂作用下进行烯烃关环复分解制备 N-Boc 保护的 3-吡咯啉。

$$\text{双烯丙基胺} \xrightarrow[\text{(Boc)}_2\text{O/CH}_2\text{Cl}_2]{5\%\text{DMAP}} \text{N-Boc} \xrightarrow[\text{N}_2,\ \text{DCM},\ \text{回流},\ 2.5\text{h}]{0.5\%(\text{PCy}_3)_2\text{Cl}_2\text{Ru}=\text{CHPh}} \text{N-Boc}$$

三、主要仪器和试剂

仪器：三口烧瓶，单口烧瓶，电磁搅拌器，磁搅拌棒，油浴，恒压滴液漏斗，分液漏斗，砂芯漏斗，冷凝管，Schlenk 无水无氧操作系统，温度计，注射器，减压蒸馏系统，旋转蒸发仪。

试剂：双烯丙基胺，4-二甲氨基吡啶，二氯甲烷，二碳酸二叔丁酯，稀盐酸，饱和碳酸氢钠溶液，无水硫酸钠，氮气源，二（三环己基膦）亚苄基二氯化钌。

四、实验步骤

1. 氨基 Boc 保护

① 取 250mL 三口烧瓶，固定在电磁搅拌器上，中间口装 100mL 恒压滴液漏斗，一侧口装温度计，另一侧口用磨口玻璃塞塞上，加入磁搅拌棒，置于冰水中。

② 向三口烧瓶中加入 6.3g 双烯丙基胺、0.36g 4-二甲氨基吡啶和 20mL 二氯甲烷。向恒压滴液漏斗中加入 14.1g 二碳酸二叔丁酯和 20mL 二氯甲烷，溶解清亮。

③ 开动搅拌，在内温 10℃下，滴加二碳酸二叔丁酯-二氯甲烷溶液。加完后，撤去冰水浴，室温搅拌反应。

④ TLC 跟踪反应进程（展开剂：乙酸乙酯-石油醚，1:1，碘缸显色）至反应完成。

⑤ 将反应液转移至 250mL 分液漏斗中，先用 40mL 稀盐酸（0.01mol/L）洗涤，再用 40mL 饱和碳酸氢钠溶液洗涤。分出有机层，无水硫酸钠干燥。

⑥ 用砂芯漏斗过滤除去干燥剂，用少量二氯甲烷洗涤，滤液用旋转蒸发仪除去溶剂，得 N-Boc 双烯丙基胺，待用。

2. 复分解关环

① 取 500mL 三口烧瓶，将其固定在电磁搅拌器上。三口烧瓶一侧口装恒压滴液漏斗，另一侧口用翻口塞密封，中间装上冷凝管，冷凝管上端连接 Schlenk 无水无氧操作系统，除尽体系中的水和空气，保持氮气正压。如果没有 Schlenk 无水无氧操作系统，参照实验 8 的简易装置。

② 将三口烧瓶置于油浴中，打开一个侧口密封，往三口烧瓶内分别加入 250mg 二（三环己基膦）亚苄基二氯化钌、150mL 经氢化钙干燥的二氯甲烷和磁搅拌棒，再次用翻口塞密封，开动电磁搅拌器，得紫红色溶液。

③ 将上述 N-Boc 保护的双烯丙基胺溶于 20mL 二氯甲烷，转移进恒压滴液漏斗，滴加入三口烧瓶。可观察到有大量气泡冒出，溶液颜色由紫红色变为深褐色。

④ 开通冷凝水，加热回流搅拌反应 2.5h。停止加热，然后冷却到室温，关闭氮气阀门、冷凝水，得 N-Boc-3-吡咯啉反应液。

⑤ 将反应液转移至 250mL 单口烧瓶，用旋转蒸发仪浓缩至 30mL 左右，再转移至 50mL 圆底烧瓶，继续用旋转蒸发仪除尽溶剂，得棕黑色油状残留物。

⑥ 将残留物减压蒸馏，装置与操作参见 3.2 节蒸馏。收集 100～102℃/0.5mmHg 馏分，得无色液体。

⑦ 将收集的馏分置于冰水冷却，产品固化，称重，计算产率。

五、注意事项

1. 二氯甲烷必须经过无水处理，蒸馏后，干燥保存备用。

2. 烯烃复分解关环与浓度有关，因此溶剂量不能减少，以免浓度太大，发生分子间聚合竞争副反应。

3. 反应液用旋转蒸发仪除去溶剂，先用大烧瓶，再转移至小烧瓶。如果不转移，残留物难以完全转移到蒸馏瓶中，导致产率降低。

六、思考题

1. 对于液体烯烃，如果直接采用无溶剂反应，结果会怎样？

2. 微量液体怎么纯化？

4.2 光化学技术与功能材料

光化学反应不仅是一种十分重要的合成技术，在自然界中也普遍存在，如光合作用、萤火虫发光等。与传统的热化学反应相比，光化学反应具有选择性好、条件温和、清洁环保的特点，特别是可以促进一些热禁阻的反应。但是光化学反应操作与热化学有明显区别。另外，光功能材料具有理化性质多样、调控方便且应用广泛的特点，在与人们生活密切相关的染料、颜料到先进电子材料、新能源和环境保护等高新技术领域都有广泛应用。本节实验内容包括光化学反应和光功能材料合成两部分。

实验15　苯频哪醇的光化学合成

一、实验目的

1. 学习光化学反应的基本操作；
2. 学习光化学还原制备苯频哪醇的原理和方法。

二、实验原理

二苯甲酮的光化学还原偶联是机理研究得比较清楚的光化学反应之一。将二苯甲酮溶于一种"质子给予体"的溶剂如异丙醇中，并将其暴露在紫外光中时，会形成一种不溶的偶联二聚体——苯频哪醇。

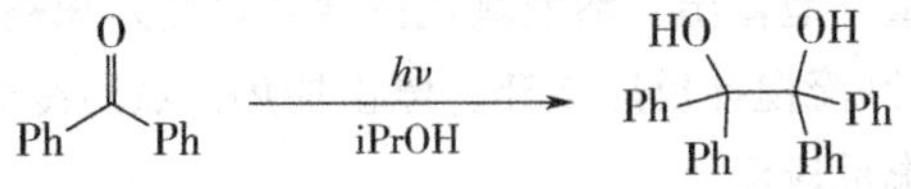

总体上，反应过程是光激发单电子转移形成自由基中间体，然后偶联成产物（图4-11）。

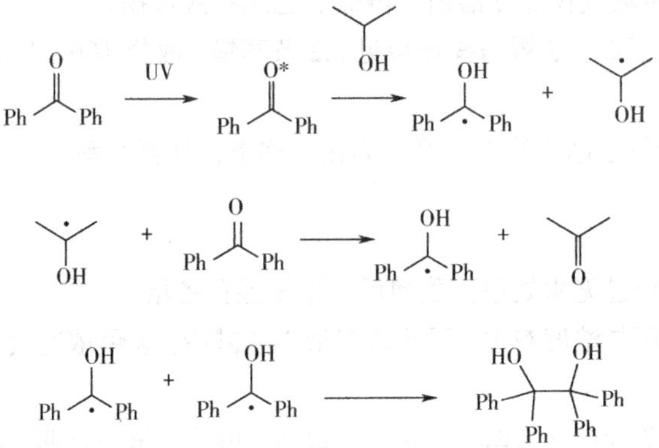

图4-11　光激发单电子转移机理

苯频哪醇的熔点为189℃，溶于乙醚、二硫化碳、氯仿以及苯、甲苯和热的乙酸等溶剂，因此可以用乙酸热重结晶。

三、主要仪器和试剂

仪器：紫外光化学反应装置（300W 高压汞灯），25mL 大试管（具塞），烧杯，恒温水浴槽，抽滤瓶，分液漏斗，熔点测定仪，布氏漏斗，圆底烧瓶，冷凝管。

试剂：二苯甲酮，异丙醇，冰醋酸。

四、实验步骤

1. 二苯甲酮光化学还原

① 在 25mL 大试管中加入 2.8g 二苯甲酮和 20mL 异丙醇，置于恒温水浴槽，开启电源加热，并摇晃试管使二苯甲酮溶解。

② 向溶液中加入 1 滴冰醋酸（玻璃具有微弱的碱性，苯频哪醇在痕量碱作用下即会分解为二苯甲醇和二苯甲酮，加 1 滴冰醋酸即可克服碱性的影响）。

③ 充分摇晃均匀后，再补加异丙醇至试管口，以使反应在无空气条件下进行（空气中的氧会消耗光化学反应中产生的自由基，使反应速率减慢）。

④ 用磨口玻璃塞将试管塞紧，将试管置于烧杯内，并放入紫外光化学反应装置内，开启紫外灯进行照射。反应6h后关闭紫外灯，取出烧杯。

2. 分离纯化

① 由于反应生成的苯频哪醇在异丙醇中溶解度很小，随着反应的进行，苯频哪醇晶体从溶液中析出，但不完全。往上述烧杯中加入冰块约150g，摇晃试管使之冷却以结晶完全。

② 用布氏漏斗抽滤，滤饼用少量异丙醇洗涤。将所得的无色固体转移到25mL圆底烧瓶中，加入5mL冰醋酸。

③ 装上冷凝管，开通冷凝水，用电加热套加热使溶液沸腾。补加冰醋酸使固体在沸腾下溶解完全。

④ 停止加热，冷却至室温结晶。用布氏漏斗抽滤，滤饼干燥，称重，测定熔点，计算产率。

五、注意事项

1. 高压汞灯反应箱内的紫外光作用会产生一定量的臭氧，有致癌作用，开关箱体时要注意防护。

2. 二苯甲酮在发生光化学反应时有自由基产生，而空气中的氧会消耗自由基，使反应速率减慢。

3. 反应也可以用太阳光驱动。反应进行的程度取决于光照情况。如阳光充足，直射4天即可完成反应；如天气阴冷，则需更长的时间，但并不影响反应的最终结果。用日光灯照射，反应也可3~4天完成。

六、思考题

1. 二苯甲酮和二苯甲醇的混合物在紫外光照射下能否生成苯频哪醇？

2. 写出在氢氧化钠存在下苯频哪醇分解为二苯甲酮和二苯甲醇的反应机理。

3. 光化学反应一般需要在石英器皿中进行，因为需要透过波长更短的紫外光的照射。为什么二苯甲酮偶联却可以使用普通玻璃仪器？

实验16　偶氮苯的顺反异构

一、实验目的

1. 学习光化学反应以及光异构化反应；

2. 了解光激发态化学与热化学的异同；

3. 巩固薄层色谱的使用。

二、实验原理

光不仅可以引起化学反应，还可以使某些化合物发生结构上的变异。例如，偶氮苯有顺反两种异构体，在通常情况下多以热力学更为稳定的反式结构存在。在日光照射下则可以获得反式结构比例大于50%的顺反异构体的混合物。

若用 365nm 紫外光照射，会转化为 90%以上的热力学不稳定的顺式结构偶氮苯。利用顺反异构体的极性差异，采取柱色谱和平面色谱技术可以分离和鉴别异构体。本实验采用薄层色谱法对其进行分离鉴别。

三、主要仪器和试剂

仪器：高压汞灯及反应箱，碘卤灯及反应箱，薄层板，展开缸，量筒，试管，黑纸（或黑胶布），锥形瓶。

试剂：环己烷，苯，偶氮苯。

四、实验步骤

① 称取 0.1g 偶氮苯放入 10mL 试管中，加入 5mL 苯使之溶解，并分装至 2 支试管中。

② 将一支试管用黑纸包好，避免光线照射；另外一支试管放在紫外灯下 365nm 照射 30min 进行光异构化。

③ 取一块 10cm×5cm 的活化硅胶薄层板，在离板一端 1cm 处分别点上光异构化后的偶氮苯样品和未经光照的样品，点样点之间相距 1cm 以上。

④ 取 12mL 环己烷和 4mL 苯至锥形瓶中，混合均匀作为展开剂。

⑤ 往展开缸中加入上述展开剂，静置 5min 使蒸气充满展开缸；用黑纸包裹展开缸。将硅胶板放入展开缸中避光展开。当展开剂爬到离硅胶板顶端约 1cm 处时，取出薄层板，记下展开剂前沿。

⑥ 晾干后观察分离后的两个样品的点有何不同，判断哪个点是顺式，哪个点是反式，计算各点 R_f 值。

⑦ 将紫外光照射后的试管置于可见光下照射 2h，其间观察样品的颜色变化，判断发生了何种反应。

五、注意事项

1. 苯毒性较大，转移溶剂过程中注意不要滴漏，尽量减少挥发。
2. 高压汞灯照射容易产生臭氧，注意自我保护。

六、思考题

1. 光异构化的机理是什么？
2. 试比较激发态化学与热化学的差异。

实验 17　甲基橙的合成

一、实验目的

1. 了解重氮盐的制备；
2. 学习偶氮染料的制备方法。

二、实验原理

甲基橙是一种常用的酸碱指示剂，结构如下。

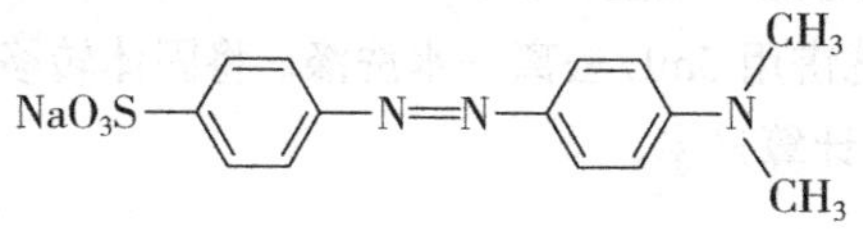

甲基橙的传统合成方法是"逆加法"，即先将对氨基苯磺酸碱化成水溶性较好的盐，然后在低温强酸性环境中发生重氮化反应，制得的重氮盐于乙酸环境中与 N,N-二甲基苯胺偶联、碱化中和、重结晶，反应方程式如下。

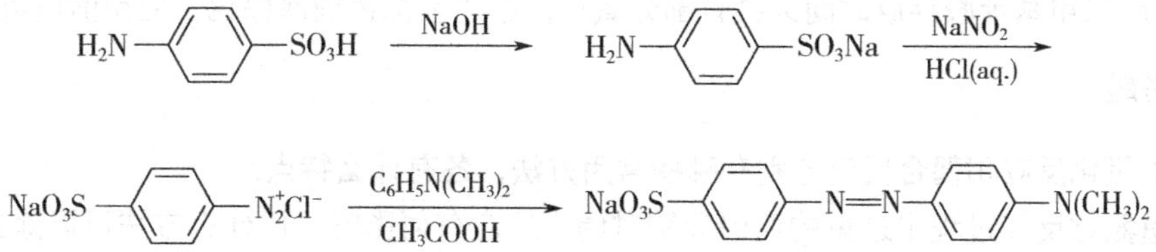

本实验则直接将对氨基苯磺酸进行重氮化，然后将 N,N-二甲基苯胺加到重氮盐溶液中进行偶合，最后得到甲基橙。本方法省去了传统方法中加酸、碱试剂的步骤，减少了酸碱用量，既经济又环保。

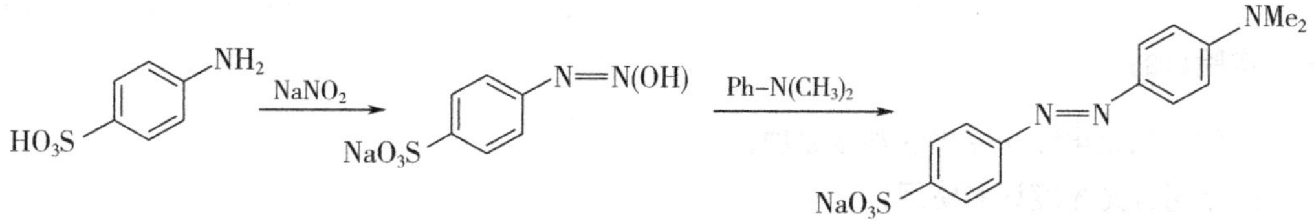

三、主要仪器和试剂

仪器：烧杯，单口烧瓶，锥形瓶，量筒，布氏漏斗，电磁搅拌器，磁搅拌棒。
试剂：对氨基苯磺酸，N,N-二甲基苯胺，亚硝酸钠，氢氧化钠，去离子水。

四、实验步骤

1. 对氨基苯磺酸的重氮化反应

取 100mL 单口烧瓶，固定在电磁搅拌器上，加入磁搅拌棒。往单口烧瓶中加入 50mL 蒸馏水、4.0g 对氨基苯磺酸和 1.6g 亚硝酸钠。开启搅拌，室温下反应 10min，固体全部溶解，溶液由黄色转变成橙红色。

2. 偶合生成甲基橙

① 称取 3.0g 新蒸馏的 N,N-二甲基苯胺，快速加入搅拌的上述溶液中。继续搅拌反应 30min，反应液逐渐变黏稠并呈红褐色。继续搅拌 1h，反应液黏度下降。

② 关闭电磁搅拌器，静置 30min，反应液中有大量亮橙色晶体析出。

3. 分离和提纯

① 称取 1.1g 氢氧化钠到小烧杯中，加入 10mL 水使其溶解，然后搅拌下加入上述甲基橙反应液中，继续搅拌 30min。

② 用布氏漏斗抽滤，滤饼用 20mL 去离子水洗涤 2 次，得粗品甲基橙固体。转入 250mL

锥形瓶中，加入 150mL 蒸馏水，加热至 60℃。

③ 用预热好的布氏漏斗热过滤，除去不溶杂质。滤液转移到锥形瓶中，加热至 60℃，溶液此时应澄清。冷却，放置至晶体完全析出。

④ 用布氏漏斗抽滤，滤饼用 5mL 去离子水洗涤。将固体转移到表面皿内晾干，得亮橙色鳞片状甲基橙晶体。称量，计算产率。

五、注意事项

1. 对氨基苯磺酸与亚硝酸钠反应至固体完全溶解后搅拌时间不能太长，生成的重氮盐不是很稳定。

2. N,N-二甲基苯胺存放时间久会有部分氧化，颜色呈棕色或深棕色，使用前应重蒸纯化。

六、思考题

1. 重氮化反应和偶合反应分别有哪些常用方法，各有什么特点？

2. 重氮化反应过程中过量的亚硝酸钠对偶合反应有何影响？用什么方法可以除去过量的亚硝酸钠？

3. 本实验中亚硝酸钠过量而不除去对偶合反应有无影响？

实验18　甲基橙的光催化降解

一、实验目的

1. 学习二氧化钛光催化的基本原理；

2. 学习分光光度计的使用；

3. 了解光催化对有机废水的降解技术。

二、实验原理

半导体不像金属有连续的电子能级，而是存在空能级区域，从充满的价带顶端到空的导带底端的空区域叫作带隙。当波长小于 387.5nm 的入射光照射到半导体纳米 TiO_2 时，光激发使其价带上的电子跃迁到导带上，在导带的边缘产生了一个光生电子（e^-），同时在价带边缘产生了一个空穴（h^+）。光生空穴和电子能够扩散到达半导体 TiO_2 纳米粒子的表面上，通过界面电荷转移和表面上吸附的物质发生反应，生成羟基自由基、超氧自由基等活性氧物种，或者直接和表面吸附的有机物发生氧化还原反应。

$$TiO_2\,(h^+) + H_2O \longrightarrow TiO_2 + H^+ + {}^\bullet OH$$

$$TiO_2\,(h^+) + \equiv OH \longrightarrow TiO_2 + \equiv^\bullet OH$$

$$TiO_2\,(h^+) + HR \longrightarrow TiO_2 + H^+ + {}^\bullet R$$

$$TiO_2\,(e^-) + O_2 \longrightarrow TiO_2 + O_2^{\bullet-}$$

活性氧物种化学性能非常活泼，能够和绝大多数的有机物反应并将之彻底分解。本实验采用光活化半导体 TiO_2 纳米粒子产生的活性氧物种将甲基橙彻底分解成小分子如 CO_2、SO_4^{2-}、H_2O 等。

三、主要仪器和试剂

仪器：电磁搅拌器，磁搅拌棒，高压汞灯及反应箱，分光光度计，离心机，石英管，量筒，比色皿，注射器，滤头，超滤膜。

试剂：纳米 TiO_2 粉末，去离子水，甲基橙。

四、实验操作

① 称取 5.0mg 甲基橙到 500mL 干燥容量瓶中，加入去离子水到容量瓶刻度线，盖好塞子摇晃使固体溶解，得到 10mg/L 的稀甲基橙水溶液。

② 称取 100mg 纳米 TiO_2 粉末置于 120mL 的石英管中，再加入配制好的 100mL 甲基橙水溶液。将石英管固定在电磁搅拌器上，加入磁搅拌棒避光搅拌 30min，进行暗吸附以达到吸附-脱附平衡。

③ 用移液管取样 5mL，转移到离心管保存，编号"0"。

④ 取 5mL 不含有 TiO_2 粉末的甲基橙置于离心管中，记为原样。

⑤ 打开紫外反应箱中的 300W 高压汞灯，预先稳定 10min。将上述石英管置于高压汞灯下照射 5h，每隔 30min 取样一次，每次 5mL 左右于离心管中，并对样品进行编号（"1"～"10"）。关闭高压汞灯，取出石英管。

⑥ 将样品"0"～"10"放到离心机中，打开离心机电源离心分离。

⑦ 用超滤膜除去 11 个样品中的 TiO_2，将滤液转移到离心管中，注意编号要一致。

⑧ 取出 2 个比色皿，其中一个加入去离子水作为空白样。

⑨ 另一个比色皿加入原样溶液，在分光光度计下测量其在波长 464nm 的吸光度。

⑩ 倒掉原样溶液，用去离子水清洗比色皿，再用吹风机吹干。

⑪ 重复步骤⑨、⑩，测量"0"～"10"样品在波长 464nm 的吸光度。

⑫ 将记录下来的甲基橙样品吸光度与降解时间作图。甲基橙的浓度与其吸光度呈线性关系，分析甲基橙在光催化下浓度变化的动力学过程。

五、注意事项

1. 每次将滤液转移到比色皿时，比色皿必须清洁、干燥，否则将会影响实验结果。
2. 高压汞灯照射容易产生臭氧，注意自我保护。

六、思考题

1. 在光照前，为什么要进行暗吸附？
2. 本实验为什么用石英管而不用玻璃管？
3. 为什么可以用甲基橙的吸光度作为其浓度的反映？

实验19　光电功能材料金属酞菁的合成

一、实验目的

1. 学习酞菁类化合物的 Linstead 合成方法；
2. 学习固相合成技术；
3. 学习高温反应操作。

二、实验原理

酞菁类化合物是一类四氮杂卟啉的衍生物，具有 D_{2n} 点群对称性。自 20 世纪初被偶然发现以来，已在染料和光电功能材料等方面获得了广泛的应用。近年来随着对功能材料研究的深入，发现这一类化合物还具有许多新的特性。例如含金属离子的酞菁类配合物具有很大的三阶非线性光学响应系数，夹层稀土酞菁配合物具有电致变色效应，由于 π-π 相互作用，酞菁结晶时呈柱状排列而显示出沿柱方向的低维导电性，桥联的金属酞菁配合物在室温下具有很好的液晶相，以及作为催化剂、抗辐射剂的应用等也有良好的前景。

酞菁类化合物的合成一般采用 Linstead 法。以邻苯二甲酸、邻苯二甲酸酐、邻苯二甲酰胺或邻苯二腈为前体，以金属氯化物、氧化物、乙酸盐或自由金属为模板，必要时以脲为胺化剂，钼酸铵为催化剂，高温熔融或在喹啉、萘等高沸点有机溶剂中反应，反应式如下。

本实验以邻苯二甲酸酐、水合氯化亚铁（自制）、尿素为原料，以钼酸铵为催化剂，采用固相熔融合成酞菁铁。

三、主要仪器和试剂

仪器：三口烧瓶，电磁搅拌器，磁搅拌棒，电加热套，烧杯，量筒，蒸发皿，研钵，具活塞接头，空气冷凝管，砂芯漏斗，布氏漏斗，氮气钢瓶。

试剂：盐酸，铁粉，铁钉，邻苯二甲酸酐，尿素，钼酸铵，氢氧化钠，乙醇。

四、实验步骤

1. 氯化亚铁的制备

① 在 250mL 烧杯中加入 15mL 浓盐酸和 18mL 蒸馏水，将烧杯放到 80℃的水浴中，用玻璃棒搅拌加热 10min。

② 用药匙分批往盐酸内加入 4.0g 铁粉，搅拌至不再有气泡冒出。用砂芯漏斗将上述溶液趁热过滤，滤液呈浅蓝色。

③ 将滤液转移到蒸发皿中，加两枚用盐酸洗过的小铁钉。用蒸发皿加热蒸发，等到溶液有白色结晶析出并有一定黏度时停止蒸发，冷却结晶。

④ 用布氏漏斗抽滤，并用滤纸挤压除去水分，得到四水合氯化亚铁，迅速转移到干燥器内备用。

2. 酞菁铁的合成

① 取 100mL 三口烧瓶，置于电加热套中，固定在电磁搅拌器上，放好磁搅拌棒。三口烧瓶中间口装空气冷凝管，空气冷凝管上端通过接头连接油封管，三口烧瓶两侧口分别用具活塞

接头和磨口塞密封，具活塞接头通过乳胶管连接氮气钢瓶。

② 称取 5.0g 邻苯二甲酸酐、7.0g 尿素、0.1g 钼酸铵，置于研钵中研细并混合均匀，然后转移到三口烧瓶中。

③ 开启氮气钢瓶，控制流量使氮气泡在油封管中一个一个冒出。

④ 开动电磁搅拌器，开通加热电源，使温度慢慢上升至 100℃，反应 1h。其间应不时地将凝聚在三口烧瓶和空气冷凝管上的邻苯二甲酸等用长玻璃棒小心刮下来，使其回到三口烧瓶底部。

⑤ 加大电加热套电压，使浴温达到 210℃。

⑥ 从空气冷凝管上端，迅速加入 1.3g 四水合氯化亚铁，恒温反应 2h。

⑦ 撤去加热，冷却至室温。拆去油封管和空气冷凝管，关氮气，再加入 25mL 4mol/L 盐酸，搅拌混合均匀。

⑧ 将混合物转移到研钵中，研磨均匀。然后转移到 250mL 烧杯中，用电加热套煮沸。

⑨ 趁热用砂芯漏斗抽滤，并将产物转移到 100mL 烧杯中，加 25mL 10%NaOH 浸泡，加入磁搅拌棒，放在电磁搅拌器上搅拌 30min。

⑩ 用砂芯漏斗抽滤，抽干，滤饼再转移到 100mL 烧杯中，加入 25mL 4mol/L 盐酸，用电加热套再煮沸一次。用砂芯漏斗趁热抽滤，用 15mL×2 乙醇洗涤。

⑪ 将固体转移到表面皿上 100℃下烘干，称重，计算产率。

五、注意事项

1. 氯化亚铁易吸水，且易被氧化，故亚铁盐要现用现做，且短时存放要保证环境干燥无氧。
2. 酞菁铁合成时各物料充分接触很重要，因此要注意搅拌均匀。

六、思考题

1. 实验后处理用稀盐酸煮粗产物的目的是什么？
2. 本实验制备的酞菁铁如何进一步提纯？

实验20 光致变色螺吡喃化合物的合成

一、实验目的

1. 了解光致变色化合物的工作原理；
2. 学习螺吡喃光致变色化合物的合成。

二、实验原理

光致变色现象（photochromism）是指一个无色或有色化合物（A）在受到一定波长的光照射时，可进行特定的异构化反应，形成有色或呈现另外一种颜色的产物（B）；而在另一波长的光照射下或热的作用下，又能恢复到原来的形式。具有这种性质的材料称为光致变色材料。

$$A \underset{hv_2}{\overset{hv_1}{\rightleftharpoons}} B$$

在光致异构化反应过程中，由于结构的改变不仅导致其吸收光谱发生显著的改变，而且其他理化性能也发生明显的变化，如折射率、氧化-还原电位、磁性、电导率、光学活性等。常见的光致变色化合物主要有二芳基乙烯、偶氮苯、螺吡喃、螺噁嗪和俘精酸酐等几种类型，其中螺吡喃（spiropyran）是有机光致变色材料中研究最早、最广泛的体系之一。

闭环态　　　　　　　　　　　　　　　开环态

螺吡喃结构中芳香环除了苯环外也可以是萘环、蒽环或芳香杂环。大多数的螺吡喃类化合物的吸收在紫外光谱区，一般在 200~400nm 处，没有颜色。在受到紫外光激发后，分子中的C—O 键发生异裂，继而分子的结构以及电子的组态发生异构化和重排，整个分子形成一个大的共轭体系，吸收光谱发生红移，在 500~600nm 处出现最大吸收波长而呈现颜色。在可见光或热作用下，逆向反应发生而恢复到无色态。

螺吡喃类化合物通常由吲哚啉类化合物与水杨醛类化合物在乙醇溶剂中回流反应制得。本实验用 2-亚甲基-1,3,3-三甲基吲哚啉与 5-硝基水杨醛反应得到螺吡喃，反应式如下。

硝基的引入可以增加该螺吡喃化合物光致变色的可逆次数，也就是增加它的耐疲劳性能。

5-硝基水杨醛由水杨醛硝化而得，但水杨醛的硝化会产生 3-位取代的副产物，可利用它们的钠盐在水中溶解度的差异提纯。先将 3-硝基水杨醛和 5-硝基水杨醛完全转变成钠盐，再采用水抽提，将易溶的 3-硝基水杨醛钠盐抽提分出，再加入足够量的水使 5-硝基水杨醛钠盐完全溶解，经酸化得 5-硝基水杨醛。

主　　　　　　　　　副

三、主要仪器和试剂

仪器：三口烧瓶，恒压滴液漏斗，水浴，温度计，球形冷凝管，电磁搅拌器，磁搅拌棒，布氏漏斗，烧杯，量筒，圆底烧瓶，熔点仪，紫外灯，紫外-可见吸收光谱仪。

试剂：水杨醛，2-亚甲基-1,3,3-三甲基吲哚啉，冰醋酸，乙酸乙酯，发烟硝酸，无水乙醇，氢氧化钠。

四、实验步骤

1.5-硝基水杨醛的合成

① 取 100mL 三口烧瓶，固定在电磁搅拌器上，加入磁搅拌棒，置于空的冰水浴上。三口烧瓶中间装好恒压滴液漏斗，一侧口装上温度计，另一侧口用磨口塞密封。

② 往三口烧瓶中加入 20g 水杨醛和 50mL 冰醋酸，开启搅拌使之溶解。往恒压滴液漏斗

中加 16g 发烟硝酸，用磨口玻璃塞密封。

③ 用冰水浴将反应液冷却至 10℃ 以下，缓慢滴加发烟硝酸，滴加过程保持温度在 15℃ 以下，约 30min 滴加完毕，其间有黄色固体析出。

④ 撤去冰水浴，改成水浴加热，设定水浴温度为 30℃、35℃、40℃ 和 45℃，分别保持 30min 至固体全部溶解。

⑤ 取 1L 烧杯，内放 300g 冰和 400mL 水。取下三口烧瓶，趁热将反应液倾入上述冰水混合物中，用玻璃棒搅拌均匀，放置 1h。

⑥ 用布氏漏斗过滤，用 25mL×3 水洗，得黄色粗品，为 3-硝基水杨醛和 5-硝基水杨醛混合物，并转移到 500mL 烧杯中，放入磁搅拌棒，放在电磁搅拌器上。

⑦ 称取 7.5g 氢氧化钠到烧杯中，加入 240mL 水，搅拌使之溶解。然后分批加入硝基水杨醛混合物中，边加边搅拌至得到橙红色糊状物，继续搅拌 30min，再补加 100mL 水搅拌 20min。

⑧ 用布氏漏斗抽滤，将滤饼转移到 500mL 烧杯中。加入 230mL 水，放入磁搅拌棒，在电磁搅拌器上搅拌 30min，洗涤产品。再重复洗涤 1~2 次后，用布氏漏斗抽滤，滤饼转移到 1L 烧杯中，加入 800mL 去离子水。

⑨ 加热烧杯使固体溶解（如有少量杂质不溶，过滤除去）得到黄色溶液。将滤液转移到烧杯内，用体积比 1:1 的盐酸滴加到黄色溶液中，不断搅拌。其间不断用 pH 试纸测定 pH，当 pH=4~5 时停止加酸，体系出现淡黄色絮状固体。用布氏漏斗抽滤，25mL 水洗 4 次，滤饼转移到表面皿内晾干，得淡黄色固体，即为 5-硝基水杨醛。称重，计算产率，测熔点。

2. 6-硝基-1′，2′，3′-三甲基螺[2H-1-苯并吡喃-2,2′-吲哚啉]的合成

① 取 250mL 单口烧瓶，置于加热装置内，固定在电磁搅拌器上，加入磁搅拌棒。往单口烧瓶内加入 5.4g 5-硝基水杨醛和 5.2g 2-亚甲基-1,3,3-三甲基吲哚啉和 100mL 无水乙醇。

② 接上球形冷凝管，开通冷却水，开启电磁搅拌器。加热回流反应 2h，反应液呈深褐紫色。

③ 停止加热，将反应物冷却至室温，结晶，用布氏漏斗抽滤，并将所得固体转移到 100mL 单口烧瓶中。

④ 加入 20mL 无水乙醇，接上球形冷凝管，接通冷却水，将单口烧瓶放在电加热套上加热至回流。补加无水乙醇至固体刚好全部溶解，然后冷却至室温结晶。

⑤ 用布氏漏斗抽滤，得到黄色针状晶体，用 5mL 乙醇淋洗，抽干，称重，计算产率，测熔点。

3. 光致变色性能研究

① 取 50mg 产品，加入 5mL 乙酸乙酯溶解，用滴管将几滴溶液滴到干净滤纸上，晃动滤纸使乙酸乙酯挥发，然后将滤纸放到太阳光或紫外灯下照射，观察照射前后颜色的变化。将滤纸夹在书本中一段时间，取出观察发生的现象。

② 配制 $4.0×10^{-5}mol/L$ 螺吡喃乙酸乙酯溶液，转移到带密封盖的石英比色皿中，在紫外-可见吸收光谱仪上测定其吸收光谱。然后取出比色皿，放置在紫外灯下照射 5min，再测定其吸收光谱。在同一图中绘出两个吸收光谱图，描述两者的区别。

五、注意事项

1. 发烟硝酸腐蚀性强，而且会散发出氮氧化物，称量和转移时注意防护。

2. 废酸与废碱要分开回收处置。

3. 螺吡喃产品进行重结晶等操作时，注意避光。

六、思考题

1. 光致变色现象的本质是什么？衣服上的染料经过一段时间晾晒后褪色是否也是光致变色？

2. 螺吡喃光致变色化合物在变色前后，分子偶极矩有何变化？如果将乙酸乙酯溶液改成甲苯溶液，变色后的最大吸收波长会出现什么变化？

实验21 荧光增白剂ER的合成

一、实验目的

1. 学习荧光增白剂 ER 的合成；
2. 了解荧光增白剂 ER 的作用原理。

二、实验原理

荧光增白剂是一种无色的有机化合物，它能吸收人肉眼看不见的波长范围在 $300 \sim 400nm$ 的近紫外光，再发射出人肉眼可见的波长范围在 $420 \sim 480nm$ 的蓝紫色荧光。荧光增白剂能显著提高被作用物（底物）的白度和光泽，所以被广泛地用于纺织、造纸、塑料及合成洗涤剂等工业。

荧光增白剂的种类繁多，如按荧光增白剂的母体分类，大致可以分为碳环类，三嗪基氨基二苯乙烯类，二苯乙烯-三氮唑类，苯并噁唑类，呋喃、苯并呋喃和苯并咪唑类，1,3-二苯基吡唑啉类，香豆素类，萘酰亚胺类和杂环类等九类。碳环类荧光增白剂是指构成分子的母体与母体上的取代基中都不含杂环的一类荧光增白剂，其中氰基取代的二苯乙烯类化合物具有相当高的荧光量子效率，对底物的增白效果很好，尤其适用于塑料、合成纤维原液及涤纶织物的增白。典型的品种是荧光增白剂 ER（C.I.荧光增白剂 199）。

荧光增白剂 ER 的合成是先用邻氰基氯苄与亚磷酸三乙酯发生反应生成苄基膦酸酯（阿布佐夫重排），再与对苯二甲醛在甲醇钠的存在下于 N,N-二甲基甲酰胺中发生 Wittig（维蒂希）反应形成荧光增白剂 ER。

三、主要仪器和试剂

仪器：三口烧瓶，恒压滴液漏斗，电加热套，电磁搅拌器，熔点仪，减压蒸馏真空系统。

试剂：亚磷酸三乙酯，邻氰基氯苄，对苯二甲醛，30%甲醇钠，甲醇，N, N-二甲基甲酰胺（DMF）。

四、实验步骤

① 取 100mL 三口烧瓶，置于电加热套中，放入磁搅拌棒，固定在电磁搅拌器上。三口烧瓶中间口接回流冷凝管，一个侧口装温度计，另一个侧口用磨口塞密封。

② 向三口烧瓶内加入16.7g亚磷酸三乙酯和10.0g邻氰基氯苄，开启电磁搅拌器，打开冷凝水，加热，缓慢升温到160℃，保温搅拌反应3h。

③ 将回流改成减压蒸馏装置，缓缓开启真空系统，加大电加热套电压，升温（180~190℃），过量的亚磷酸三乙酯逐渐被蒸馏出来，直到没有馏分蒸出来为止。

④ 停止加热，搅拌冷却至室温，恢复常压，关闭真空系统。关闭冷凝水，拆除减压蒸馏装置，残余物为苄基膦酸酯，待用。

⑤ 称取4g对苯二甲醛于锥形瓶中，加入40mL DMF溶解。然后加入上述苄基膦酸酯烧瓶中，三口烧瓶中间口装恒压滴液漏斗，漏斗上接干燥管，并将三口烧瓶置于冰水浴中。

⑥ 取12mL 30%甲醇钠溶液并转移到恒压滴液漏斗中，开启电磁搅拌器，维持冰水浴内一直有冰块，缓慢滴加甲醇钠溶液，滴加时间30min。

⑦ 撤去冰水浴，换成加热水浴，温度设定在45℃，搅拌反应4h。

⑧ 撤去水浴换成电加热套，同时将恒压滴液漏斗换成回流冷凝管，开启冷却水，加热到回流，使固体全部溶解（若不能溶解，补加DMF）。

⑨ 停止加热，反应液自然冷却到15~20℃，结晶。用布氏漏斗过滤，甲醇25mL洗涤滤饼4次，将固体转移到表面皿内晾干。称重，计算产率，测熔点。

五、注意事项

1. 亚磷酸三乙酯味道比较刺激，在加料过程中注意不要滴漏，回收过量的亚磷酸三乙酯，倒到指定的回收瓶中。

2. 滴加甲醇钠溶液时体系放热，不可一次将甲醇钠全部放入，以免温度过高，降低产率。

六、思考题

1. 荧光增白剂的增白机理是什么？

2. 除烷基膦酸酯外，Wittig反应还有哪种类型？与本实验Wittig反应相比有什么不同点？

3. 写出Wittig反应的机理。

实验22　颜料红254的合成

一、实验目的

1. 学习颜料红254的合成；

2. 了解有机杂环颜料的结构与性能。

二、实验原理

颜料红254（C.I.56110）属于1,4-二酮吡咯并吡咯类有机杂环高级颜料，外观为透蓝红色，光、热稳定性高，同时具有耐溶剂、耐候、耐迁移特性，分散性好，遮盖力强，着色力高，色泽鲜艳。颜料红254主要用于高级工业涂料、汽车涂料、高级油墨和各种塑料的着色。

颜料红254的优异性能源于其分子结构存在的可以形成三维网络结构的官能团：酰胺和大π-共轭芳环，因此不溶于一般的有机溶剂，仅在N-甲基吡咯烷酮和N,N-二甲基甲酰胺等强极性、非质子溶剂中溶解。颜料红 254 由对氯苯腈与丁二酸二乙酯在强碱下缩合形成。

三、主要仪器和试剂

仪器：三口烧瓶，量筒，烧杯，恒压滴液漏斗，布氏漏斗，温度计，回流冷凝管，直形冷凝管，电磁搅拌器，蒸馏头，尾接管，分液漏斗，加热装置。

试剂：对氯苯腈，丁二酸二乙酯，金属钠，叔戊醇，NaOH 固体。

四、实验步骤

① 取 250mL 三口烧瓶加入磁搅拌棒，置于加热装置中，固定在电磁搅拌器上。三口烧瓶中间口装好回流冷凝管，左右两侧口分别装恒压滴液漏斗和温度计，向三口烧瓶中加入叔戊醇 60mL，开启电磁搅拌器。

② 用镊子取出保存在煤油中的金属钠，用纸擦去表面煤油，用小刀切出 4.5g，加入三口烧瓶中，反应液有气体冒出。

③ 加热，将反应液升温至 100℃，搅拌反应至金属钠反应完全。

④ 停止加热，让反应液降温至 80℃，然后加入 11g 对氯苯腈，再加热，使反应液升温至 100～105℃。

⑤ 量取 10mL 丁二酸二乙酯到小烧杯中，加入 20mL 叔戊醇，混合均匀，转移到恒压滴液漏斗中，并缓慢滴加到三口烧瓶中，约 1h 加完。

⑥ 取下恒压滴液漏斗，换成磨口玻璃塞。中间回流冷凝管改成蒸馏装置。保持 100～105℃ 反应 2～3h，其间生成的乙醇通过蒸馏装置蒸出。

⑦ 停止加热，拆去蒸馏装置、温度计。在搅拌下将反应液加入盛有 200mL 水的 500mL 烧杯中，析出固体，用布氏漏斗抽滤，得到粗产品。

⑧ 称取 5g 氢氧化钠于 500mL 烧杯中，加 95mL 水溶解。搅拌下，将粗产品加入氢氧化钠溶液，搅拌 10min。用布氏漏斗抽滤，用 20mL 水洗涤滤饼 6 次，并转移到表面皿上晾干，称重，计算产率。

五、注意事项

金属钠遇水、酸等质子性物质会剧烈反应，燃烧，甚至爆炸，相关操作必须严格在干燥条件下按规程进行，注意安全。

六、思考题

1. 颜料红 254 分子之间如何形成三维网络结构？

2. 同系列颜料还有哪些？有何差别？

4.3 手性物质的获得与不对称合成技术

(1) 手性控制的方式

生命过程中的基本化学过程都有手性分子参与。例如，大多数酶的活性位点和生物体内受体位点都是具有手性的。因此当消旋的药物在体内发挥作用时，通常只是其中一个对映异构体参与。例如，以外消旋混合物的形式给药的布洛芬仅其 (S) -对映异构体起作用（图4-12）。

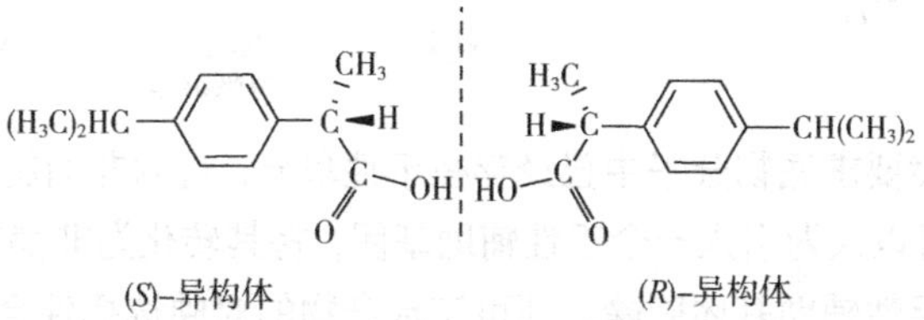

图4-12　布洛芬外消旋混合物

有些消旋药物的两个对映异构体的作用效果迥异。例如，美沙芬的一种对映异构体（左美沙芬）是有效的阿片类镇痛药，而另一种（右美沙芬）被用作止咳药。甚至，有些药物如果以外消旋的形式给药可能导致严重的问题。例如，沙利度胺的 R- (+) -对映异构体对缓解恶心有良好效果，但其 S- (-) -对映异构体则会引起严重的胎儿畸形；乙胺丁醇的一种对映异构体可用于治疗结核病，另一种则会引起失明；萘普生的一种对映体可治疗关节炎，另一种则会引起肝中毒等。因此为了最大程度地减少这些潜在问题，如果一种药物分子存在外消旋体，则必须分离两种对映异构体并分别进行测试，确定每个异构体的作用和副作用以及是否需要以单一异构体使用。事实上，当前手性药物绝大部分以单一对映异构体使用，因此在合成中进行手性控制（手性合成或不对称合成）就非常重要。手性控制的效果，即反应的对映选择性和非对映选择性或者反应产物的对映体和非对映体纯度，一般分别以对映体过量（*ee* 值，enantiomeric excess）和非对映体过量（*de* 值，diastereomeric excess）的形式表示，即产生的两个对映异构体物质的量的差值占两者之和的百分比。

$$ee = \frac{\left| [S] - [R] \right|}{[S] + [R]} \times 100\%$$

以甲基格氏试剂与苯甲醛的加成形成手性醇为例，说明如下。

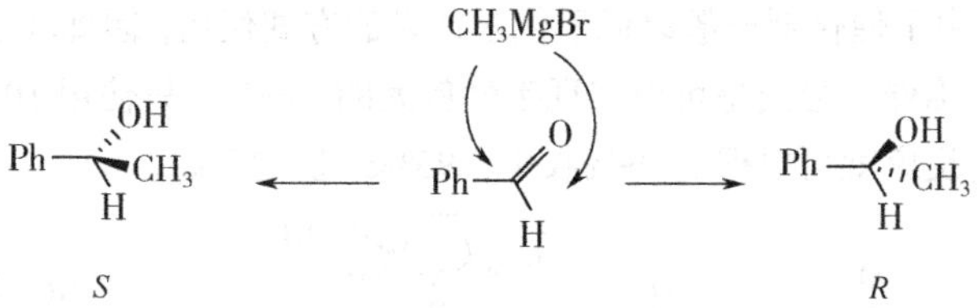

如果在非手性条件下进行，S 和 R 异构体是等量的，各占50%（外消旋体），则差值为0，对映体过量为0，表示为0%*ee* 值。但是，如果存在某个手性因素，例如手性催化剂或溶剂等，导致产生的 S 和 R 异构体是不等量的，例如 S 和 R 异构体分别占75%和25%，则该反应或产物的对映体过量为50%，表示为50%*ee* 值。

目前有机合成中手性控制的主要途径分三种：底物诱导（非对映体过量，*de* 值）、试剂诱导（对映体过量，*ee* 值）和催化诱导（也称不对称催化，对映体过量，*ee* 值）。当底物分子中已经存在手性结构单元时，则该单元会或多或少地影响新形成的手性单元的两种异构体的比例，即底物控制。

底物手性控制必然要求底物分子中已经存在手性单元，且为非消旋体。有时，底物分子中不存在手性单元，则可以人为引入一个手性辅助基团，将其转化为非消旋的手性化合物。在目标反应完成后，再将手性辅助基团脱除，即可实现产物的对映选择性合成。

试剂诱导与底物诱导在本质上是一样的，但是应用上有区别。底物诱导直接产生的是非对映选择性，试剂诱导产生的是对映选择性。对于双分子或更多分子的有机合成反应，底物和试剂的称谓是人为的。一般把分子量较小、官能团较少，或者主结构不进入产物的原料称为试剂。如果某个原料的手性结构单元在反应后不进入产物，则该反应称为试剂诱导。可见在反应本质上试剂诱导与底物诱导是一样的。

在底物诱导和试剂诱导中，一分子的手性底物或试剂最多只能产生一分子的手性产物，都属于等量控制技术。由于催化剂一般以低于化学计量的方式使用，因此理论上以手性催化剂为手性诱导单元的不对称催化合成是可以实现手性放大的。例如，只使用 10%（摩尔分数）的 L-脯氨酸催化羟醛缩合反应就可以得到 99% 收率、95% *ee* 值的产物。

催化诱导的手性放大结果源于催化循环。每个循环之后催化剂再生，继续进行下一个循环，直至反应结束，从而用少量手性物质产生了更大量的手性产物。需要指出的是，从催化循环的过程可以看出，就单个循环而言，不对称催化就是试剂诱导的过程（图4-13）。

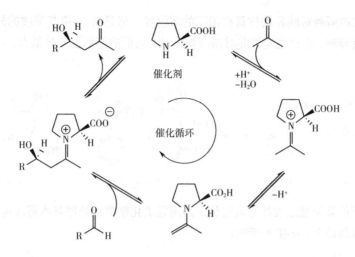

图4-13 不对称催化循环

（2）对映体过量的测定

不对称反应的对映体过量由测定产物的光学纯度反推得到。直接测定的方式主要有两种：
① 手性色谱（HPLC 或 GC 等）分析两个对映异构体的含量，直接计算得到。

$$ee=([R]-[S])/([R]+[S])\times100\% \qquad (R\text{-异构体的}ee\text{值})$$

② 对于已知物质，由旋光度计算。

$$ee = [\alpha]^{t}_{\lambda\text{样品}} / [\alpha]^{t}_{\lambda\max} \times100\%$$

式中，$[\alpha]^{t}_{\lambda\text{样品}}$ 为所测样品的比旋光度，$[\alpha]^{t}_{\lambda\max}$ 为该化合物的最大比旋光度。R-型产物的 $[\alpha]^{22}_{D\max}$ 为 66.9(c 0.5, CHCl$_3$)。

其中 $[\alpha]^{t}_{\lambda} = \alpha^{t}_{\lambda}/(c\,L)\times100$。$\alpha$ 是所测旋光度，c 是样品浓度（用 100mL 溶液所含样品的质量表示，单位为 g/100mL），L 是样品管长度（单位为 dm），t 是测量温度，λ 是测量光源波长（常用钠光灯的 D 线，λ=589.6nm）。

（3）绝对构型的测定

对于一个手性化合物，除了要知道其对映（光学）纯度，更需要知道其绝对构型。对于未知的手性化合物，绝对构型（R/S）的测定方法主要有 X 射线单晶衍射分析、Mosher 酯和手性位移试剂的核磁波谱、圆二色谱分析等，但每种方法都费时费力，而且各有局限性。对于已知化合物，则可以更方便地用手性 HPLC/GC 分析、旋光度分析以及反应拆分反推法等来测定绝对构型。

实验23　α-甲基苄胺消旋体的拆分与光学活性测定

一、实验目的

1. 了解消旋体拆分原理；
2. 学习 α-甲基苄胺拆分原理；
3. 学习使用旋光仪测定光学纯度。

二、实验原理

α-甲基苄胺的两种对映异构体具有相同的溶解度，但是将 α-甲基苄胺的外消旋混合物用 L- (+) -酒石酸处理时，会产生两种非对映异构体盐，它们的溶解度差异很大，可以通过分步结晶实现分离。

L-(+)-酒石酸　　　外消旋　　　　　　　　溶解度小　　　　　　　溶解度大

溶解度较低的盐可通过过滤分离纯化，再用氢氧化钠溶液处理其水溶液可释放出游离胺，即可得到对映体纯的 (−) -α-甲基苄胺。

三、主要仪器和试剂

仪器：锥形瓶，布氏漏斗，分液漏斗，圆底烧瓶，旋转蒸发仪，1dm 旋光仪管。

试剂：L- (+) -酒石酸，甲醇，(±) -α-甲基苄胺，水，10% ~ 30%氢氧化钠溶液，乙醚，无水硫酸钠，95%乙醇。

四、实验步骤

① 在一个 250mL 锥形瓶中，将 92.5mmol 的 L- (+) -酒石酸和 150mL 的甲醇混合。使用水浴加热至接近沸点时，缓慢地加入 91.6mmol (±) -α-甲基苄胺，充分混合。盖好盖子，放在储物柜中，直到下一次实验。

② 将上述 L- (+) -酒石酸/ (±) -α-甲基苄胺甲醇溶液析出的棱状晶体抽滤分离，并用少量冷的甲醇洗涤。将晶体放入锥形瓶中，用水溶解，加入适量的 10% ~ 30%氢氧化钠溶液释放出游离胺。

③ 将溶液转移到分液漏斗中，用乙醚萃取 3 次。将有机萃取液用无水硫酸钠干燥 30min。过滤除去干燥剂，转移至洗净、干燥和称重的圆底烧瓶中，用旋转蒸发仪除去溶剂，称重，计算收率。

④ 将 α-甲基苄胺产品用 95%乙醇或无水乙醇溶解，配成浓度为 0.1 ~ 0.3g/mL 的溶液。转入 1dm 旋光仪管，在旋光仪上测定 S- (−) -α-甲基苄胺的旋光度，计算光学纯度。

光学纯的 (−) -α-甲基苄胺的旋光度文献值为$[\alpha]_D = -30.5$，浓度 0.1g/mL，95%乙醇溶液测定。

五、注意事项

1.α-甲基苄胺很容易与二氧化碳和空气中的水分发生反应，形成白色物质（RNH_3^+ / ^-OCOOH

和 $RNHCOO^-$ / RNH_3^+ 的混合物）。因此，胺样品应始终存储在密封的瓶中，以防止发生这种情况。

2. 如果 L- (+) -酒石酸/ (±) -α-甲基苄胺甲醇溶液放置后析出的晶体是针状，则将混合物加热溶解，并使用其他同学的棱柱形晶体作为晶种，进行诱导结晶，否则拆分效果较差。

六、思考题

1. 如果使用 D-酒石酸代替 L-酒石酸，该实验的结果是什么？
2. 如果 0.1mol "回收的胺"的[α]$_D$= +20.35°，样品中将有多少(mol) (−) -胺和多少 (mol) (+) -胺？
3. 除了比旋光度，还有什么方法可以测定手性化合物的光学纯度？

实验24　苯乙酮手性硼试剂还原及绝对构型测定

一、实验目的

1. 学习酮的手性试剂还原；
2. 了解手性化合物绝对构型的测定方法；
3. 学习竞争对映选择性转化。

二、实验原理

本实验首先使用 Corey-Bakshi-Shibata（CBS）试剂对苯乙酮进行对映选择性还原（不对称还原），以生成 R- (+) -1-苯基乙醇或 S- (−) -1-苯基乙醇；然后使用竞争对映选择性转化（CEC）法确定醇的绝对构型。

CBS 试剂是衍生自脯氨酸的不对称催化剂，它能够对映选择性地还原酮，形成两种可能的对映异构体之一（图 4-14）。

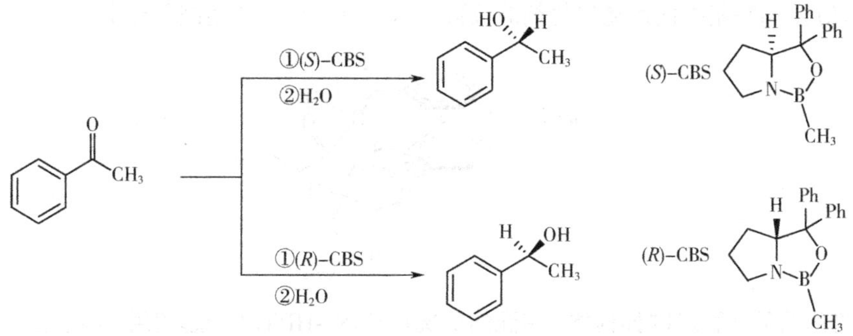

图4-14　CBS对酮的不对称还原

有许多方法可以确定手性化合物的绝对构型。本实验使用竞争对映选择性转化（CEC）法来确定醇的绝对构型，即手性醇与手性动力学拆分催化剂苯并四氢咪唑（HBTM）的 R 和 S 对映体的平行竞争反应。

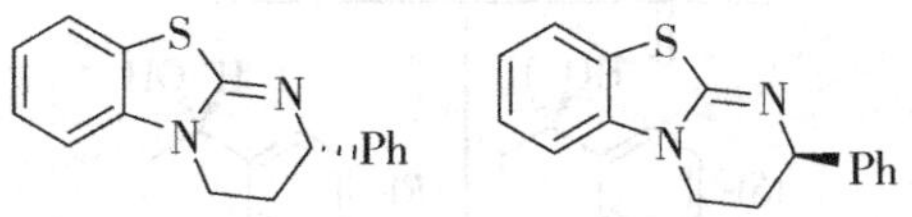

S–HBTM   R–HBTM

反应原理是通过催化剂的活化中间体进行醇的酯化。

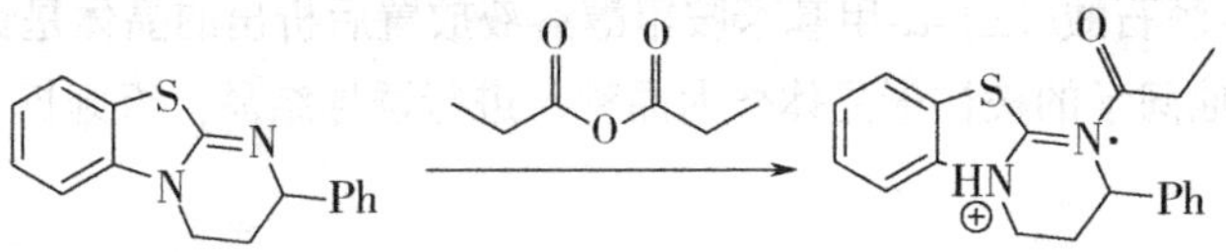

由于非对映体过渡态之间存在能量差异，该醇与 HBTM 催化剂的一种对映体（"匹配"或"快"情况）比与另一种 HBTM 催化剂（"错配"或"慢"情况）反应更快（图 4-15）。

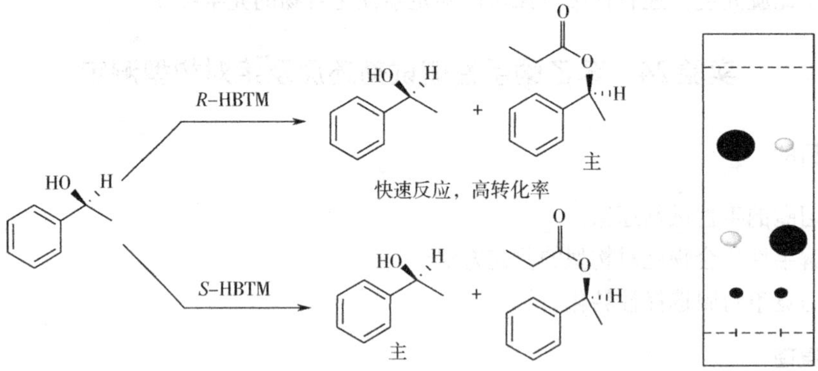

图 4-15　匹配竞争的结果

（S）-HBTM 催化剂活化中间体与（R）-仲醇底物之间匹配相互作用的拟过渡态结构中有三个影响因素导致低能量：①苯环会由于空间位阻而阻止醇从底面与催化剂相互作用；②醇底物中的芳环和 HBTM 中的芳环进行 π-π 重叠（堆积），这是由于芳环之间有非共价相互吸引力；③将底物（R）上的烷基指向远离催化剂的位置，以使空间相互作用减至最小。

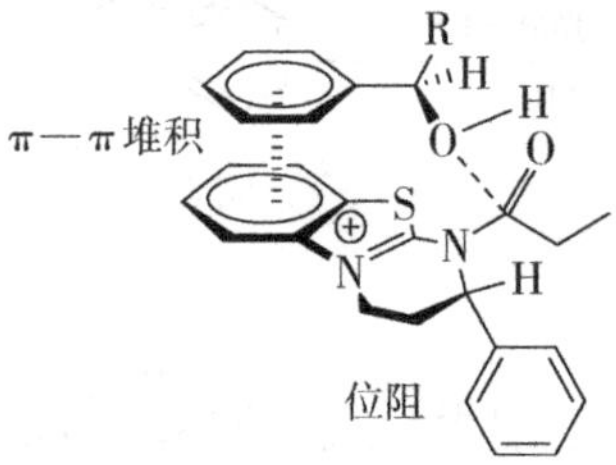

如果将醇的另一种对映异构体（错配的情况）与（S）-HBTM 一起使用，则这些关键的相互作用将被破坏，更高过渡态能量导致反应变慢。

使用 TLC 监测反应可以定性确定快速反应和慢速反应，粗略估算每个反应的转化率。一旦确定了"快速"反应，就可以通过配对确定醇的绝对构型。

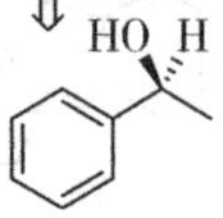

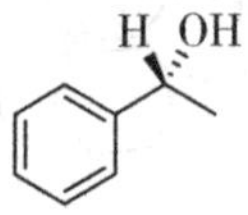

三、主要仪器和试剂

仪器：三口烧瓶，电磁搅拌器，磁搅拌棒，具活塞三通接头，真空泵，微量注射器，分液漏斗，砂芯漏斗，旋转蒸发仪，分析天平，热风枪。

试剂：氮气源，CBS（R 或 S，1mol/L），无水四氢呋喃，硼烷 N,N-二乙基苯胺络合物（BDEA），苯乙酮溶液（1.30mL 苯乙酮/10mL THF），甲醇，稀盐酸（1mol/L），石油醚，无水硫酸镁，(S)-HBTM 和 (R)-HBTM 四氢呋喃溶液，吡啶，乙酸酐，磷钼酸显色剂（磷钼酸甲醇溶液），乙酸乙酯，石油醚。

四、实验步骤

1. CBS 催化苯乙酮不对称还原

① 取 25mL 三口烧瓶固定在电磁搅拌器上，加入磁搅拌棒。三口烧瓶两个侧口用翻口塞封口，中间口与 Schlenk 无水无氧操作系统连接，除尽体系中的水和空气，保持氮气正压。如果没有 Schlenk 无水无氧操作系统，参照实验 8 的简易装置。

② 用微量注射器分别取 0.084mL CBS（R 或 S，1mol/L）、1mL 无水 THF，加入三口烧瓶；然后加入 0.147mL 硼烷 N,N-二乙基苯胺络合物（BDEA），开始搅拌溶液。

③ 在几分钟内，用注射器将 0.75mL 苯乙酮溶液（1.30mL 苯乙酮/10mL THF）滴加到三口烧瓶中。加完后，室温搅拌反应 30min。

④ 从一个侧口用注射器缓慢滴加 1mL 甲醇淬灭反应。注意会剧烈起泡，继续搅拌直至鼓泡停止后，加入 3mL 1mol/L HCl，再搅拌 15min。

⑤ 关闭氮气系统，将反应液转移到 60mL 分液漏斗中，加 5mL 水，并用 3×5mL 乙酸乙酯萃取。合并有机层，依次用 5mL 水、5mL 盐水洗涤，用无水硫酸镁干燥 30min。

⑥ 过滤除去干燥剂，滤液通过旋转蒸发仪除尽溶剂，得产物，TLC 分析纯度（石油醚：乙酸乙酯=3:1），称重，计算收率。

2. 利用 CEC 法确定醇的绝对构型

① 称量 12mg 醇产物 2 份，分别加入标有 R 和 S 的 2mL 样品瓶中。

② 将 0.5mL (S)-HBTM 溶液添加到 S 样品瓶中，而将 0.5mL (R)-HBTM 溶液添加到 R 小瓶中。

③ 向 S 小瓶中添加与 HBTM 等物质的量的吡啶和乙酸酐，记录添加时间，1min 后，将同样量的试剂加到 R 小瓶中，记录添加时间。

④ 反应 30min 后，分别用 50μL 甲醇淬灭。取一个 TLC 板，在 TLC 板上点样每种反应溶液。在石油醚-乙酸乙酯（4:1）的展开剂中展开，并用磷钼酸显色剂（磷钼酸甲醇溶液）染色，用热风枪加热显色，结束后对 TLC 板拍照。

⑤ 分析 TLC，找到 (R)-HBTM 反应和 (S)-HBTM 反应的醇和酯产物的点，根据反应速率确定醇的绝对构型。

五、注意事项

1. CBS 和 $BH_3 \cdot$ THF 与水反应会产生可自燃的气体，应避免与水接触。

2. 热风枪温度高，使用后仍然有余热，注意出风口在冷却前不要触摸或与可燃物接触。

六、思考题

1. 如果使用 $NaBH_4$ 而不是 CBS 试剂还原苯乙酮，将获得（±）-1-苯基乙醇的外消旋混合物。如何从该混合物中分离出纯 R-(+)-1-苯基乙醇?

2. 可以使用 CEC 实验的结果确定 ee 值吗?

实验25 脯氨酸催化的不对称羟醛缩合反应

一、实验目的

1. 了解有机小分子催化不对称合成技术;
2. 学习不对称羟醛缩合反应;
3. 巩固薄层色谱和柱色谱技术;
4. 巩固微量合成操作。

二、实验原理

在获得手性化合物的各种方法中,不对称催化合成是唯一具有手性放大作用的技术。作为手性技术最重要的方法之一,不对称催化合成在过去三十多年里得到了飞速的发展和广泛的应用。目前不对称催化技术主要包括三大类:金属有机催化、酶催化和有机小分子催化。与金属有机催化和酶催化相比,有机小分子催化具有以下优点:不使用金属化合物,对环境友好;操作简单,不要求无水无氧操作,更接近于生物催化;价格便宜,性能稳定;催化剂容易回收再利用。

作为有机合成中一种最基本的 C—C 键形成反应,羟醛缩合反应受到广泛关注。不对称催化直接羟醛缩合反应是构建手性 C—C 键最简单的方法之一,而且其产物 β-羟基羰基化合物在精细有机化学品合成中应用广泛。在不对称有机小分子催化反应研究中,羟醛缩合是研究最早、最多的一类反应。

本实验以 L-脯氨酸为手性催化剂,催化 4-硝基苯甲醛与丙酮的不对称羟醛缩合反应。产物经柱色谱分离纯化后,利用旋光仪测定对映体过量 ee 值。

三、主要仪器和试剂

仪器:电磁搅拌器,磁搅拌棒,旋光仪,旋转蒸发仪,紫外分析仪,分析天平,色谱柱,圆底烧瓶,梨形烧瓶,量筒,分液漏斗,布氏漏斗,烧杯,磨口三角瓶,玻璃漏斗,色谱硅胶板。

试剂:L-脯氨酸,4-硝基苯甲醛,丙酮,二甲基亚砜(DMSO),饱和氯化铵溶液,乙酸乙酯,石油醚,饱和食盐水,无水硫酸钠,三氯甲烷。

四、实验步骤

1. 羟醛缩合

① 在 50mL 圆底烧瓶中放入磁搅拌棒,固定在电磁搅拌器上,加入 17mg L-脯氨酸(0.15mmol)、1mL 丙酮和 4mL DMSO。用磨口玻璃塞密封,开启电磁搅拌器,室温下搅拌 15min。

② 称取 76mg 4-硝基苯甲醛，加到上述圆底烧瓶中，继续室温搅拌 1h。

③ 其间，取少许 4-硝基苯甲醛用 0.5mL 丙酮溶解，得到参比样品；每隔 1h 用 TLC 跟踪反应进程（展开剂：石油醚-乙酸乙酯，2∶1），观察反应液中 4-硝基苯甲醛含量变化情况。大约 4h 后，薄层色谱可以观察到反应液中的 4-硝基苯甲醛点消失。

④ 停止反应，往圆底烧瓶中加入 4mL 饱和氯化铵水溶液稀释。将反应液转移至 50mL 分液漏斗，用乙酸乙酯萃取（3×15mL）。

⑤ 合并乙酸乙酯萃取液，转移到 150mL 分液漏斗中，用饱和食盐水洗涤（2×5mL）。分液，将乙酸乙酯溶液转移到 100mL 圆底烧瓶中，加入无水硫酸钠干燥。

⑥ 用布氏漏斗抽滤除盐。滤液转移至 100mL 梨形烧瓶中，用旋转蒸发仪除去溶剂，得到粗产品。

2. 柱色谱分离纯化

① 取内径 20mm、长 40cm 左右的干燥色谱柱，用镊子取少许脱脂棉放于色谱柱底部，轻轻塞紧。将色谱柱垂直固定在铁架台上，上面放置加料漏斗，往里分批加石英砂，使脱脂棉上均匀覆盖一层厚约 0.5cm 的石英砂，关闭色谱柱活塞。

② 取 45mL 硅胶于干燥的 250mL 烧杯中，加入约 80mL 展开剂（石油醚∶乙酸乙酯=2∶1），使硅胶成糊状。通过加料漏斗装入色谱柱中，打开活塞。活塞下面用锥形瓶接洗脱液。用橡皮塞轻轻敲打色谱柱下部，使硅胶装填紧密。然后通过加料漏斗在装填好的硅胶柱上加铺一层厚 0.5cm 的石英砂。

③ 当色谱柱中液面开始要进入上石英砂层时（注意不能使液面低于砂子），向色谱柱中加展开剂至约为柱高的 3/4 处。

④ 往上述粗品烧瓶中加入最少量展开剂使其溶解，待用。

⑤ 当溶剂液面刚好流至石英砂面时，立即沿柱壁加入上述粗品溶液，再用 2mL 洗脱液涮洗烧瓶，并将涮洗液也转移到色谱柱中。

⑥ 当样品溶液流至接近石英砂面时，立即用洗脱液洗下管壁残留物质，如此连续 2~3 次。用展开剂洗脱，控制流出速度。注意整个过程都应有洗脱剂覆盖吸附剂。

⑦ 用 10mL 试管接收洗脱液，一旦试管接满另换一根试管，注意每根试管按顺序标号。用薄层色谱（TLC）方法检测目标组分在每根试管中的分布。

⑧ 将含有纯产物的试管中的流出液合并到烧瓶中，用旋转蒸发仪除去溶剂，得到固体，称重，计算产率。

3. 对映体过量测定

取 10mg 产物加入离心试管中，加入 1mL 三氯甲烷溶解。用旋光仪测量上述三氯甲烷溶液的旋光度。

五、实验结果处理

1. 化学收率(%)＝产物质量/理论产量×100%

2. 由比旋光度计算 ee 值

$$ee=[\alpha]^{t}_{\lambda\text{样品}}/[\alpha]^{t}_{\lambda\max}\times100\%$$

式中，$[\alpha]^{t}_{\lambda\text{样品}}$ 为所测样品的比旋光度，$[\alpha]^{t}_{\lambda\max}$ 为该化合物的最大比旋光度。R-型产物的

$[\alpha]_{D\,max}^{22}$ 为 66.9（c 0.5，$CHCl_3$）。其中 $[\alpha]_{\lambda}^{t} = \alpha_{\lambda}^{t} / (cL) \times 100$。$\alpha$ 是所测旋光度，c 是样品浓度（g/100mL），L 是样品管长度（dm），t 是测量温度，λ 是测量光源波长（常用钠光灯的 D 线，λ=589.6nm）。

3. 记录实验结果

产物质量	收率	α	c	$[\alpha]_D^t$	ee值（旋光）

六、注意事项

柱色谱分离所得各个试管中的洗脱液用薄层色谱板进行检测，具有相同 R_f 值的才能合并在一起，而含有杂质的涮洗液不要合并，作废液处理。

七、思考题

1. 除了手性合成，还有什么途径可以获得手性化合物？
2. 测定旋光度除了计算 ee 值外，还能得到什么信息？

实验 26　金属催化乙酰乙酸甲酯的酮羰基不对称氢化还原

一、实验目的

1. 学习过渡金属催化不对称氢化还原；
2. 学习手性气相色谱测定对映体过量。

二、实验原理

手性过渡金属催化剂用于酮的不对称催化氢化的反应机理与传统的烯烃催化氢化类似（图 4-16），但速率更慢，往往需要高温高压以加快反应。

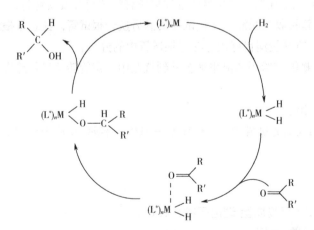

图 4-16　酮的不对称催化氢化反应机理

对于 β-酮酯的氢化，使用 2,2′-二（二苯基膦）-1,1′-联萘（BINAP）衍生的催化剂，例如钌-BINAP，可得到高的对映体过量（ee 值 > 98%）。虽然一般也需要高温高压条件，但是如果采用高活性催化剂，也可以在常温常压进行反应。本实验采用高活性催化剂[Ru (BINAP) Br₂ (acetone)]在常温常压下催化乙酰乙酸甲酯的酮羰基氢化还原。

三、主要仪器和试剂

仪器：三口烧瓶，电磁搅拌器，磁搅拌棒，氢气钢瓶，氮气钢瓶，25mL 注射器，微量注射器，砂芯漏斗，真空泵，旋转蒸发仪，分析天平。

试剂：乙酰乙酸甲酯，烯丙基钌络合物[Ru (allyl) (COD)$_n$]，手性配体 (*S*) - (−) -2,2′-二 (二苯基膦) -1,1′-联萘[(*S*) -BINAP]，对甲氧基苯甲醛试剂，无水丙酮，无水甲醇，氢溴酸 (48%)，石油醚，乙酸乙酯。

四、实验步骤

① 将 100mL 三口烧瓶固定在电磁搅拌器上，侧口用翻口塞密封，中间口与 Schlenk 无水无氧操作系统连接。开启 Schlenk 系统，除尽体系中的水和空气，保持氮气正压。如果没有 Schlenk 无水无氧操作系统，参照实验 8 的简易装置。

② 向三口烧瓶中加入 12mg 烯丙基钌络合物和 42mg [(*S*) -BINAP]、4mL 无水丙酮，得白色悬浮液，在室温搅拌 30min。

③ 配制 1.2mol/L 的 HBr/甲醇溶液，并用注射器向上述悬浮液中加入 0.2mL，室温搅拌 30min，其间约 15min 时出现黄色沉淀。

④ 关闭中间口与 Schlenk 系统的连接，取下一个侧口翻口塞，再通过具活塞接头连接真空泵。开启真空泵除尽溶剂，得到黄色粉末催化剂。关闭侧口具活塞接头，撤除真空泵。打开中间口与 Schlenk 无水无氧操作系统的连接，向三口烧瓶中充氮气，保持正压。

⑤ 分别用 25mL 注射器和微量注射器向三口烧瓶中加入 20mL 脱气甲醇和 100μL 乙酰乙酸甲酯，得到棕色溶液。

⑥ 将与真空系统连接的侧口具活塞接头连接到氢气源。通过 Schlenk 系统抽真空，关闭 Schlenk 系统后打开氢气活塞，往三口烧瓶中充氢气，至压力平衡后，停止进气。重复抽真空和充氢气操作 3 次以上，将体系中的氮气置换成氢气。

⑦ 将溶液剧烈搅拌，以提高反应物与氢气的接触，溶液逐渐变为浅棕色。用 TLC 监测反应进程（展开剂：石油醚-乙酸乙酯=15:1）。乙酰乙酸甲酯有紫外吸收，且用对甲氧基苯甲醛试剂处理斑点是黄色。当原料转化一半左右时，可停止反应，用硅胶铺底的砂芯漏斗过滤，除去催化剂，甲醇洗涤。滤液用旋转蒸发仪除去溶剂，得浅棕色油状物。

⑧ 用手性气相色谱测定对映体过量 (Lipodex E 柱，25m，0.25mm 内径，温度：柱温 90℃，恒温，注射器 250℃，流动相：氢气)。(*R*) -对映体：R_t=13.5min；(*S*) -对映体：R_t=15.2min。

五、注意事项

1. 使用氢气时，附近不能有明火或火花源，使用的电器必须有防火花功能。

2. 由于完全反应需要很长时间（12h 以上），因此转化率达到一定程度即可停止反应，剩余原料不影响 *ee* 值测定。

六、思考题

1. 烯烃和羰基相比，哪个更易被过渡金属催化加氢还原？为什么？

2. 对映异构体 R/S 的比值为 99/1 时，以对映体过量形式表示是多少？ ee 值为 95%时，R/S 的比值为多少？

实验27　面包酵母还原乙酰乙酸乙酯

一、实验目的

1. 学习生物催化手性合成技术；
2. 学习核磁波谱测定醇的对映体过量；
3. 学习微量蒸馏操作。

二、实验原理

酵母（yeast）是一类单细胞真菌的统称，广泛分布于自然界中，种类繁多。酵母菌一般具有几个基本特征：个体常以单细胞状态存在，多数以出芽方式繁殖，也有的进行裂殖或产生子囊孢子，能发酵多种糖类，喜在含糖较高、酸性的环境中生长。酵母细胞中存在的某些酶可以作为羰基化合物不对称还原的催化剂。因为面包酵母成本低，实用易得，容易操作，在光学活性的醇衍生物合成技术中，用面包酵母还原相应的 β-酮酸酯是最常用的方法之一。

三、主要仪器和试剂

仪器：三口烧瓶，鼓泡器，温度计，恒温油浴，微量蒸馏装置，砂芯漏斗，电磁搅拌器，磁搅拌棒，旋转蒸发仪。

试剂：乙酰乙酸乙酯，面包酵母，蔗糖，硅藻土，氯化钠，乙酸乙酯，石油醚，二氯甲烷，对甲氧基苯甲醛试剂，(R)-$(+)$-α-甲氧基-α-（三氟甲基）苯基乙酰氯（MTPA 酰氯），无水硫酸镁。

四、操作步骤

① 向装有鼓泡器和温度计的 2L 三口烧瓶中依次加入 400mL 自来水、75g 蔗糖和 10g 干酵母。轻微搅拌混合物（150r/min），1h 后，使产生的 CO_2 气体以约 1 ~ 2 个气泡/s 的速度逸出。向正在发酵的溶液中滴加 5g 乙酰乙酸乙酯，将混合物在室温搅拌过夜（24h）。

② 次日，将 50g 蔗糖溶于 250mL 自来水中得到热溶液（40℃），并加入混合物中，搅拌1h。再加入 5g 乙酰乙酸乙酯，将混合物搅拌过夜（24h）。

③ 第三日，用 TLC 监测反应进程（展开剂：石油醚-乙酸乙酯，15:1）。乙酰乙酸乙酯有紫外吸收，且用对甲氧基苯甲醛试剂处理斑点呈黄色，R_f=0.5。当通过 TLC 只看到微量的乙酰乙酸乙酯时，即可认为反应已经接近完成。向悬浊液中加入硅藻土助滤剂（20g），然后用砂芯漏斗过滤。用水洗涤，用氯化钠饱和，然后用乙酸乙酯（5×500mL）萃取。合并萃取液，用硫酸镁干燥，过滤，用旋转蒸发仪除去溶剂，得到灰白色的黏稠油状粗产品。

④ 粗产品用微量蒸馏装置减压蒸馏，收集 55~57℃/12mmHg 馏分，得到透明无色产物醇。

⑤ 对映体过量测定。手性醇用 (*R*)-(+)-*α*-甲氧基-*α*-(三氟甲基) 苯基乙酰氯 (MTPA 酰氯) 或其 (*S*)-对映体进行酯化，可分别得到相应的非对映异构体的 (*R*)-酯或 (*S*)-酯（Mosher 酯）。

步骤：在 NMR 管中，向醇 (2.5mg) 的 CDCl₃ (0.75mL) 溶液中加入 4-二甲氨基吡啶 (5mg) 和 (*R*)-(+)-*α*-甲氧基-*α*-(三氟甲基) 苯基乙酰氯 (5mg)。混合物在室温反应，用 TLC 监测直至起始原料完全消耗，如果需要可放置过夜。测定反应液的 ¹H NMR 波谱，通过积分计算出对映体过量。

五、注意事项

1. 该反应时间较长，过夜实验要注意安全。
2. 生物催化对温度要求严格，注意反应过程温度变化。

六、思考题

1. 生物催化与化学催化相比有什么特点？
2. Mosher 酯法测定对映体过量和绝对构型有什么特点？

实验28　(*S*)-2-甲基-2,3-丁二醇的合成

一、实验目的

1. 学习过渡金属催化碳碳双键的不对称氢化还原；
2. 学习高压釜的使用；
3. 巩固手性气相色谱测定对映体过量。

二、实验原理

在二氯甲烷溶液中 10MPa 氢气压力条件下，二（三氟乙酸）铑 2,2′-二（二苯基膦）-1,1′-联萘（BINAP）配合物可以在室温催化 *α*-亚甲基-1,3-二氧杂环戊-2-酮的不对称还原形成环状碳酸酯，再与碳酸钾在无水甲醇中加热醇解，定量转化成相应的二醇。

三、主要仪器和试剂

仪器：带机械搅拌装置的 125mL 不锈钢压力釜，氮气钢瓶，氢气钢瓶，圆底烧瓶，微量蒸馏（升华）装置，电磁搅拌器，磁搅拌棒，回流冷凝管，油浴，分液漏斗，旋转蒸发仪，气相色谱仪。

试剂：4,4-二甲基-5-亚甲基-1,3-二氧杂环戊-2-酮，二（三氟乙酸）铑 2,2′-二（二苯基膦）-1,1′-联萘（BINAP），二氯甲烷，碳酸钾，无水甲醇，乙酸乙酯，氯化铵，无水硫酸钠。

四、操作步骤

1. (*S*)-4,4,5-三甲基-1,3-二氧杂环戊-2-酮的合成
① 将 125mL 的不锈钢压力釜与氮气钢瓶连接，打开钢瓶阀门，用氮气吹洗。然后在氮气

保护下，向其中加入 0.25g 4,4 二甲基-5-亚甲基-1,3-二氧杂环戊-2-酮、9mg 铑催化剂和 10mL 干燥的二氯甲烷。

② 将不锈钢压力釜密闭，对角线法紧固螺钉，转换连接到氢气钢瓶，打开钢瓶阀门，用氢气吹洗，置换釜内氮气，然后将氢气升压到 10MPa，关闭进气阀，保持 10min，压力不降低，说明密封性良好。然后关闭氢气钢瓶阀门，在室温搅拌 18h。

③ 缓慢打开高压釜泄压阀，卸掉压力，打开高压釜。将反应液倒入 50mL 圆底烧瓶中，并用 5mL 二氯甲烷冲洗高压釜，合并，用旋转蒸发仪除去溶剂。

④ 用气相色谱仪测定光学纯度［手性 Lipodex 毛细管柱（25m × 0.25mm）］。

⑤ 用微量蒸馏装置进行减压蒸馏（70℃，1.5mmHg），收集产品，计算收率。

2.(S)-2-甲基-2,3-丁二醇的合成

① 将 0.17g (S) -4,4,5-三甲基-1,3-二氧杂环戊-2-酮、0.27g 碳酸钾和 10mL 甲醇加入 50mL 圆底烧瓶中，装上回流冷凝管，加入磁搅拌棒，固定在电磁搅拌器上，并置于油浴中。

② 开启冷凝水，油浴加热到 60℃，搅拌反应 2.5 ~ 3h。

③ 停止加热，冷却至室温，撤除回流冷凝管，取出磁搅拌棒。用旋转蒸发仪除去溶剂，残余物溶解在最少的饱和氯化铵溶液中。

④ 将溶液转入 50mL 分液漏斗，用乙酸乙酯萃取（3×15mL）。萃取液用无水硫酸钠干燥 30min。

⑤ 过滤，滤液用旋转蒸发仪除去溶剂，称重，计算产率。

⑥ 取样 30mg，装入核磁管，测定 ^{1}H NMR。

五、注意事项

1. 高压釜密封操作要严格按照操作规程进行，特别要检查管路气密性。

2. 周围不得有明火，也不得有易产生火花的物质或操作。

3. 高压釜放空氢气必须引向室外。

六、思考题

1. 本实验中间体环状碳酸酯产物为什么要碱性醇解？

2. 用气相色谱仪测定环状碳酸酯产物光学纯度，蒸馏前后测定有没有区别？

3. 醇的光学纯度是否与环状碳酸酯产物一样？

实验 29　Sharpless 不对称环氧化合成手性 2,3-环氧-3-苯基丙醇

一、实验目的

1. 学习 Sharpless 不对称环氧化；

2. 学习微流进样操作；

3. 学习薄层制备色谱分离纯化方法；

4. 学习手性 HPLC 测定光学纯度。

二、实验原理

1980 年，Sharpless 报道了用烷氧基钛（Ⅳ）、对映体纯的酒石酸酯，例如（+)-酒石酸二乙

酯［(+)-DET］和叔丁基过氧化氢联合作用可以使一系列烯丙基醇对映选择性环氧化，即Sharpless 不对称环氧化。

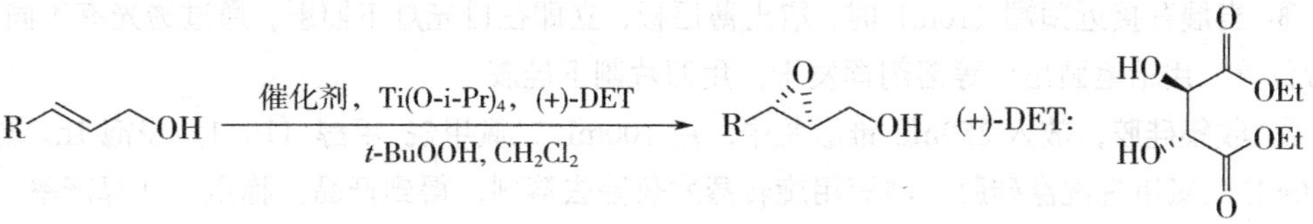

Sharpless 不对称环氧化的机理是，在反应溶液中钛配体存在快速的交换，生成[钛（酒石酸酯）（烯丙基醇）（TBHP）]配合物（图4-17），氧从配位的过氧化氢转移到烯丙基醇上，完成环氧化。

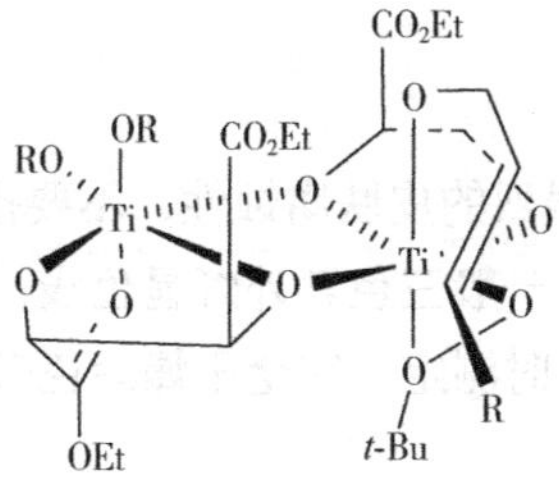

图4-17　Sharpless不对称环氧化中间体配合物

三、主要仪器和试剂

仪器：两口烧瓶，电磁搅拌器，磁搅拌棒，冷浴，砂芯漏斗，注射器，微量进样器，针筒注射泵，分液漏斗，制备薄层展开缸，旋转蒸发仪，氮气源，锥形瓶。

试剂：L-(+)酒石酸二异丙酯[(+)-DIPT]，无水二氯甲烷，4Å分子筛，异丙氧基钛，叔丁基过氧化氢异辛烷无水溶液（5.5mol/L，在分子筛干燥下保存），3-苯基-2-丙烯醇，氢氧化钠，硫酸镁，20cm×20cm 制备薄层板（1mm），(R)-(+)-α-甲氧基-α-(三氟甲基)苯基乙酰氯（MTPA 酰氯），4-二甲氨基吡啶（DMAP），对甲氧基苯甲醛显试剂，乙醚，石油醚，乙酸乙酯，正己烷。

四、实验步骤

① 将干燥的 25mL 两口烧瓶固定在电磁搅拌器上，加入磁搅拌棒，一个侧口接氮气源；加入 50mg 活化的 4Å 分子筛、10mL 无水二氯甲烷和 40mg L-(+) 酒石酸二异丙酯，另一侧口用翻口塞密封。

② 将混合物用冷浴冷却至-5℃。在搅拌下用微量进样器加入 30μL 异丙氧基钛。进一步冷却至-20℃后，再加入 0.55mL（5.5mol/L）叔丁基过氧化氢异辛烷溶液，在-20℃搅拌 1h。

③ 将 0.268g 3-苯基-2-丙烯醇溶于 1mL 无水二氯甲烷溶液，用针筒注射泵于 1h 内缓慢均匀加入两口烧瓶。

④ 用 TLC 监测（展开剂:石油醚-乙醚，1:1）反应。用对甲氧基苯甲醛试剂显色，3-苯基-2-丙烯醇斑点显蓝色，而环氧化物斑点显棕色。

⑤ 在-15℃搅拌反应 2h 后，加 6mL 水使反应淬灭，并在此温度搅拌 30min。然后升至室温，再加入 0.6mL 用氯化钠饱和的 30%氢氧化钠水溶液，强烈搅拌 1h，使酒石酸酯水解。

⑥ 在砂芯漏斗装填 0.5cm 厚的硅藻土，将两相的混合物通过硅藻土过滤，分出有机层。水层用二氯甲烷洗涤（3×5mL），合并的有机层用硫酸镁干燥。

⑦ 过滤除去干燥剂，用旋转蒸发仪除去溶剂，得到粗产品，溶解在 0.5mL 乙醚中，在制备薄层板上分离，用乙酸乙酯-正己烷（1:9）作流动相展开。

⑧ 当展开接近顶端（1cm）时，取出薄层板，立即在日光灯下照射，通过透光率不同确定色带位置，用铅笔画出；等溶剂挥发干，用刀片割下硅胶。

⑨ 收集硅胶，放入 250mL 锥形瓶中，用 100mL 二氯甲烷-甲醇（10:1）浸泡 1h。过滤，用 10mL 二氯甲烷洗涤硅胶，滤液用旋转蒸发仪除去溶剂，得到产品，称重，计算产率。

⑩ 测定核磁氢谱，确定结构及纯度。

⑪ 用手性 HPLC 测定对映选择性（Chiralpako OD 柱，流速 1mL/min，异丙醇-正己烷 1:9）；(2R,3R)-对映体，12.3min，(2S,3S)-对映体，13.4min。

五、注意事项

1. 叔丁基过氧化氢溶液具有强烈的皮肤腐蚀性，不要接触皮肤。

2. 由于产物紫外吸收波长短，一般三色紫外灯显色浅，对着日光灯照射，通过透光率可以确定产物色带。尽量在展开剂未干时测定，完全干燥后色带会模糊不清。

六、思考题

1. 高烯丙醇以及含更长分隔碳链的烯基醇在 Sharpless 不对称环氧化中的效果怎样？

2. 还有哪些烯烃不对称环氧化方法？试给出 3 种，比较 3 种方法的特点。

实验30　1-环己烯基乙腈的不对称双羟基化

一、实验目的

1. 学习烯烃的 Sharpless 双羟基化；

2. 学习重结晶提高物质的光学纯度；

3. 巩固用手性气相色谱测定光学纯度的方法。

二、实验原理

Sharpless 不对称双羟基化的原理是手性叔胺加速的四氧化锇对烯烃的双羟基化。由于叔胺加速效应很大，没有手性叔胺配位的四氧化锇的背景反应几乎可以忽略不计，为手性控制提供了保障。

三、主要仪器和试剂

仪器：圆底烧瓶，磁搅拌棒，电磁搅拌器，分液漏斗，旋转蒸发仪，砂芯玻璃漏斗，微量注射器，热风枪，气相色谱仪。

试剂：叔丁醇，AD-mix-β[100g AD-mix-β 含 0.052g 锇酸钾、0.55g (DHQD)$_2$PHAL、70g K$_3$Fe(CN)$_6$ 和 29.4g K$_2$CO$_3$]，甲基磺酰胺，1-环己烯基乙腈，焦亚硫酸钠，乙醚，硫酸镁，乙酸乙酯，石油醚，乙醚，己烷，无水四氢呋喃，樟脑磺酸 (CSA)，2-甲氧基丙烯。

四、实验步骤

① 将 25mL 圆底烧瓶固定在电磁搅拌器上，加入磁搅拌棒、15mL 叔丁醇和水的 1:1 混合物、2g AD-mix-β 和 0.136g 甲基磺酰胺。

② 将混合物在室温搅拌几分钟，直到分成清楚的两相。再放入冰水浴冷却，加入 0.173g 1-环己烯基乙腈，将反应混合物在 0℃ 剧烈搅拌。

③ 用 TLC 监测（展开剂：石油醚-乙醚，4:1）反应，可通过碘蒸气显色。烯烃和二元醇斑点的 R_f 值相差很大，分别为 0.43 和 0，不可能同时检测。本实验只检测烯烃。当烯烃基本消失时，将 1.5g 焦亚硫酸钠加入反应混合物中，继续搅拌 1h。

④ 将反应混合物倒入分液漏斗中，用乙酸乙酯萃取（3×10mL）。合并有机层，用硫酸镁干燥 30min。

⑤ 过滤除去干燥剂，滤液用旋转蒸发仪除去溶剂，得固体粗产物。

⑥ 将二醇粗产物溶解在 5mL 无水四氢呋喃中，加入磁搅拌棒，在室温搅拌下加入 5mg CSA 和 0.25mL 2-甲氧基丙烯，搅拌反应。

⑦ 用 TLC 监测反应（展开剂：石油醚-乙酸乙酯，1:2）。二元醇和其丙酮脱水缩合物的斑点可通过对甲氧基苯甲醛试剂染色，热风枪加热显色。

⑧ 当反应基本结束时，取出磁搅拌棒，用旋转蒸发仪除去溶剂，得到粗产品。

⑨ 对映体过量（ee 值）用毛细管 GC 色谱测定（Lipdex E. MN 柱，25m，0.25mm 内径，柱温 80～150℃，5℃/min），(S,S)-对映体：R_t 19.25min；(R,R)-对映体：R_t 19.69min。

⑩ 将粗品在己烷中重结晶，再次测定对映体过量值，比较重结晶前后的变化。

五、注意事项

1. 试剂 AD-mix-β 含有锇酸钾成分，毒性大，废液要严格按规定处置。

2. 重结晶的产率对反应产物的光学纯度（ee 值）有影响，因此要同时记录产率，否则所测结果不体现反应的真实选择性。

六、思考题

1. 重结晶会提高产物的光学纯度，那么消旋体能否通过重结晶得到光学纯异构体？

2. 查阅文献，说明甲基磺酰胺在反应中的作用。

第5章 精细化工配方及制剂

在社会生活中，由于各种原因，例如为了增效以及使用、携带和存储方便等，大部分有特定用途的精细化学品作为商品被消费者使用时是以某种制剂的形式出现的，而不是纯的单一化合物。从合成的角度看，复配制剂主要涉及组分之间的物理混合和分子之间的非共价作用（超分子）过程，似乎较为简单。但是当前人们对分子之间的超分子作用的认识远远落后于有机合成过程，因此复配制剂的开发仍然以经验为指导，以试错为手段，形成一个好的配方和制剂并不容易。

虽然某种制剂混合物可能含有多个组分，但是主要的功能仍然是由其中的活性成分或有效成分来体现；而其他组分，无论含量多少，只是作为辅助成分提高或改善作为商品的各种功能和认可度。因此不同配方及复配过程导致的制剂功能的差异在本质上是不大的。本章选取几种常见的家用化学品的复配制剂实验，供学习其中的基本过程。

实验31 液体洗涤剂的复配

一、实验目的

1. 了解阴离子表面活性剂的性能及制备；
2. 学习常用液体洗涤剂的配方技术。

二、实验原理

液体洗涤剂制备工艺简单，能耗低，使用方便，已成为广受欢迎的洗涤用品。液体洗涤剂主要由表面活性剂和助洗剂通过复配技术制成，与粉剂比较需要达到以下特殊要求：①适当的黏度，一般在几百到几千厘泊。②一定的复配物混合浊点，在外界温度波动时，复配物能保持均一性。③适当的溶解度。④复合酶的稳定性要好。液体洗涤剂配方中的主要成分包括表面活性剂和助洗剂等。

1. 表面活性剂

① 直链烷基苯磺酸钠（LAS），化学通式为 $C_nH_{2n+1}C_6H_4SO_3Na$，阴离子表面活性剂，去污力强，泡沫稳定性好。

② 脂肪醇聚氧乙烯醚硫酸钠（AES），化学通式为 $R(OCH_2CH_2O)_nSO_3Na$，阴离子表面活性剂，抗硬水性能强，溶解性、脱脂力、起泡性、润湿力和刺激性都优于其他烷基硫酸盐（AS）。

③ 烷醇酰胺（6501），化学通式为

R=长链烷基，如月桂基或椰油基

烷醇酰胺属于非离子表面活性剂，具有良好的脱脂、去油能力，有稳泡、增稠作用。在纺织柔软剂、抗静电剂、金属清洗剂等液体洗涤剂中应用广泛。

2．助洗剂

（1）增溶剂

无机盐的存在会降低表面活性剂的溶解度，为使物料保持溶解、均质状态，必须添加增溶剂。常用的增溶剂有对甲苯磺酸钠、尿素、乙二醇丁醚和异丙醇等。

（2）增稠剂（黏度调节剂）

大部分液体洗涤产品均要求一定的稠度或黏度，不但能提高感观效果，使用时也方便，往往还是消费者选择产品的重要因素之一。

对以阴离子表面活性剂（LAS、AS、AES 等）为主要活性物的液体洗涤产品，氯化钠是最廉价的增稠剂，通常用量在 1%～4%，过多反而会降低黏度，甚至导致产品发生混浊现象。

（3）防腐剂

为防止和抑制细菌的生长，保证洗涤产品在储存和运输过程中不至于腐败变质，各种液体洗涤剂配方中都必须加入杀菌防腐剂。传统上，常用的有水杨酸、苯甲酸及其盐类。目前市场上使用较多的防腐剂是异噻唑啉类（CIT、MIT 和 BIT 及其混合物）杀菌剂。

（4）螯合剂

为保证洗涤剂的洗涤效果，控制水的硬度是十分重要的。螯合剂的作用是将钙离子和镁离子（Ca^{2+}、Mg^{2+}）络合而使硬水软化。常用的螯合剂为 EDTA-Na（乙二胺四乙酸钠），重垢液体洗涤剂以焦磷酸钾为主，粉剂则以三聚磷酸钠为主。

（5）酶制剂

随着生物技术迅速发展，酶制剂已广泛应用于粉剂洗涤剂中，包括蛋白酶、脂肪酶、淀粉酶及纤维素酶等。由于表面活性剂及水分的影响，酶制剂在液体洗涤剂中稳定性差，易失活。

三、主要仪器和试剂

仪器：机械搅拌器，恒温水浴槽，清洗器，黏度计，滴定分析仪，烧杯，三口烧瓶，铁架台。

试剂：烷基苯磺酸（LAS），30%氢氧化钠，脂肪醇聚氧乙烯醚硫酸钠（AES），烷醇酰胺（6501），苯甲酸钠，氯化钠，去离子水，EDTA-Na。

四、实验步骤

1．烷基苯磺酸中和制备LAS

（1）反应式

$$C_{12}H_{25}\!-\!\!\!\bigcirc\!\!\!-\!SO_3H \;+\; NaOH(aq.) \longrightarrow C_{12}H_{25}\!-\!\!\!\bigcirc\!\!\!-\!SO_3Na \;+\; H_2O$$

（2）中和单体质量要求

外观：白色悬浊液；活性物含量：36%±1%；不皂化物（100%活性计）：≤3%；pH（1%溶液）：7～9；色泽 Klett：≤40。

（3）主要操作条件

中和温度：45～65℃；pH 值：7～9；H_2O_2 溶液滴量：≤0.5%。

（4）操作步骤

称取 3.0g 烷基苯磺酸于 50mL 烧杯中，放入磁搅拌棒，置于电磁搅拌器上。开启电磁搅拌器，滴加 30%碱液，边加边用 pH 试纸测 pH。当 pH 稳定在 7～9 时停止加碱。继续搅拌 20min

后停止搅拌，备用。

2. 液体洗涤剂制剂

(1) 配方

LAS（35%±1%）	8.5%	AES（70%）	5.5%
6501	2.5%	EDTA-Na	0.1%
NaCl	0 ~ 2%	苯甲酸钠	0.05%
香精	0.1%	水	平衡至 100%

(2) 产品技术指标

外观：清晰透明；活性物含量：≥15%；pH（25℃，1%）：<10.5。

(3) 配制步骤

① 取 250mL 三口烧瓶固定在铁架台上，装好机械搅拌器，烧瓶一侧口装上温度计，另一侧口用磨口玻璃塞密封，放置于恒温水浴槽中。

② 往三口烧瓶内加入 83mL 去离子水，开启机械搅拌器，转速 50 ~ 60r/min。开启恒温水浴槽加热，使三口烧瓶内温度为 40 ~ 45℃。

③ 称取 0.1g EDTA-Na 和 50mg 苯甲酸钠，加入三口烧瓶中，搅拌使之全溶。

④ 依次加入 8.5g 上述制备的 35%的 LAS 和 2.5g 6501，搅拌使之全部溶解。再加入 5.5g AES，搅拌使之溶解。最后，加入 0.1g 香精，搅拌混合均匀。

⑤ 停止搅拌，撤去恒温水浴槽，拆除温度计，取下三口烧瓶。

⑥ 将上述液体洗涤剂平均分成五份到小烧杯中，每份约 20g。

⑦ 分别加入固体 NaCl 0g、0.1g、0.2g、0.3g 和 0.4g，用玻璃棒搅拌均匀。分别测定液体 pH 值和黏度。

⑧ 作氯化钠含量与洗涤剂黏度曲线。

五、注意事项

1. 烷基苯磺酸中和制备 LAS 过程中，反应会形成一种胶体体系，良好的搅拌在反应中很重要。但是过分强烈搅拌和过长时间反而会带来气泡，破坏其胶体结构。

2. 中和是放热反应，操作时应严格控制反应温度，一般不超过 65℃，防止局部过热使单体色泽加深。

六、思考题

1. 产品中 NaCl 含量对配方体系黏度有什么影响？

2. 洗涤效果与黏度是否存在直接关联？

实验32 杀菌洗手液的10kg级中试配制及分装

一、实验目的

1. 了解复配制剂小试工艺放大的考察内容；

2. 学习公斤级复配的操作流程；

3. 学习灌装机的使用。

二、实验原理

实验室小试由于规模小，在传质、传动和传热以及设备选型、原材料规格、物料输送方式、操作方法、测量和控制手段以及安全环保措施验证等方面与实际生产差别很大，小试配方和制剂过程需要经过中试实验的进一步验证、调整和优化，为进一步的试生产提供依据和参数。特别是高黏度液体制剂中搅拌形式和搅拌速度对产品的影响十分巨大，而且与制备规模密切相关，小试实验很难提供可靠的参数。另外，虽然与合成工艺开发相比，复配制剂工艺从实验室小试到放大生产的风险相对较低，但是复配制剂小试中不存在的产品分装、产品试用与评价等环节，也需要通过中试来完成。

三、主要仪器和试剂

仪器：20L 双层玻璃反应釜，pH 计，黏度计，灌装机，打码机。

试剂：LAS（35%±1%），AES（70%），6501，EDTA-Na，氯化钠，苯甲酸钠，香精，去离子水。

四、实验步骤

① 检查 20L 双层玻璃反应釜的各项功能是否正常，釜内是否清洁以及配方物料是否到位。

② 按配方准备物料。

LAS（35%±1%）	0.85kg	AES（70%）	0.55kg
6501	0.25kg	EDTA-Na	0.01kg
NaCl	0 ~ 0.2kg	苯甲酸钠	0.005kg
香精	0.01kg	水	8.3kg

③ 往釜内加入 8.3L 去离子水，开启搅拌器的开关，调节转速为 60r/min。开启加热电源和循环泵，使釜内温度为 40 ~ 45℃。

④ 称取 10g EDTA-Na 和 5g 苯甲酸钠加入釜中，搅拌溶解。然后依次加入 850g 35% 的 LAS 和 250g 6501，搅拌使之全部溶解。再加入 550g AES，搅拌使之溶解。最后，加入 10g 香精，搅拌混合均匀。

⑤ 分 5 批加入 200g NaCl，每批加入后搅拌均匀，测定液体 pH 和黏度。达到小试实验最佳黏度时停止。

⑥ 检查产品技术指标，外观是否透明；pH（＜10.5）和黏度（1Pa·s 左右）是否合格。

⑦ 将产品转移至灌装机，根据分装瓶容量调节参数，开动机器试灌装 2 ~ 3 瓶，微调确定各参数，进行连续灌装。

⑧ 开动打码机，对分装产品进行日期试标注；调节颜色、位置和清晰度，进行连续标注。

五、注意事项

1. 注意搅拌速度，搅拌器位置、尺寸对体系混合程度的影响，特别是加入氯化钠后体系黏度显著变化时。

2. 灌装机压力调节要从小到大，调节脚踏板时踩踏力度要轻缓。

3. 注意控制灌装换瓶时的滴、漏、洒、冒，保持地面清洁，防止滑倒。

六、思考题

对黏度变化体系，搅拌器直径大小选择以何时为准较好？

实验33 液体洗涤剂成分与性能分析测试

一、实验目的

1. 学习洗涤剂中阴离子活性物的直接两相滴定；
2. 学习洗涤剂去油污性能测定方法。

二、实验原理

在水和氯仿两相体系中及酸性混合指示液存在下，用阳离子表面活性剂氯化苄苏镓(benzethonium chloride) 滴定测定阴离子活性物。阴离子活性物和阳离子染料（溴化底米镓）反应生成盐，溶解于氯仿中，呈粉红色。滴定过程中，水相中阴离子活性物与氯化苄苏镓反应完全后，氯化苄苏镓取代阴离子活性物-阳离子染料盐复合物内的阳离子染料，而溴化底米镓转入水层，氯仿层红色褪去。稍微过量的氯化苄苏镓与阴离子染料（酸性蓝-1）成盐，溶于氯仿，使其成蓝色，即为滴定终点。

三、主要仪器和试剂

仪器：烧杯，量筒，具塞锥形瓶，移液管，滴定管，容量瓶，不锈钢试片，恒温烘箱，摆洗机，恒温水浴槽，分析天平。

试剂：氯仿，硫酸标准溶液（0.5mol/L），氢氧化钠标准溶液（0.5mol/L），酚酞溶液（10g/L），氯化苄苏镓标准溶液（0.004mol/L），溴化底米镓、酸性蓝-1。

四、实验步骤

1. 酸性混合指示液的配制

① 精确称取 （0.5±0.001）g 溴化底米镓于 50mL 烧杯中。

② 精确称取 （0.25±0.001）g 酸性蓝-1 于另一个 50mL 烧杯中。

③ 向每个烧杯中加入 10%乙醇水溶液 30mL，加热溶解，再转移至 250mL 容量瓶。烧杯用乙醇溶液洗涤，并转入容量瓶，再用乙醇溶液稀释至刻度，作为储存液。

④ 取 20mL 储存液，加入 500mL 容量瓶中，加 200mL 水，再加入 20mL 15%硫酸溶液，用水稀释至刻度，摇匀，备用。

2. 活性物LAS的测定

① 精确称取（10±0.001）g 十二烷基苯磺酸钠含量 8.5%的洗手液，溶于水，加入 3 滴酚酞溶液，并用硫酸溶液或氢氧化钠溶液中和到对酚酞呈中性，转移到 500mL 容量瓶，用水稀释至刻度。

② 用移液管量取 25mL 试样溶液加入具塞锥形瓶，加入 10mL 水、15mL 氯仿和 10mL 酸性混合指示液。

③ 用氯化苄苏鎓标准溶液滴定。开始时每次加入 2mL，然后塞上塞子，充分振摇，混合，静置分层，下层呈粉红色。继续滴定，振摇，当接近终点时，逐滴加入，当氯仿层粉红色完全褪去变成蓝色时，即为终点。

④ 计算 LAS 含量并与配方中的含量进行比较。

LAS 的含量以质量分数（%）表示，按下式计算

$$X_1 = \frac{cV_3M_rV_1}{100 \times V_2M_0} \times 100\%$$

式中，c 为氯化苄苏鎓标准溶液浓度，mol/L；V_3 为滴定消耗的氯化苄苏鎓标准溶液体积，mL；M_r 为阴离子活性物摩尔质量；V_1 为样品溶液的定容体积，mL；V_2 为移液管量取的体积，mL；M_0 为试样质量，g。

3. 去污力测定

① 人工油污的配制：工业凡士林 50%，30#机械油 20%，羊毛脂 20%，氧化铝 10%。将上述组分混合均匀后，用小刀均匀地涂覆在已称量过的试片面上，油污量控制在 0.15～0.3g。将涂好油污的试片用 S 钩挂在试片架上，放入（50±5）℃的恒温烘箱中，15min 后取出，用滤纸擦去试片边沿上的油污，冷却后再称量并编号记录。

② 摆洗：将含一定浓度实验品溶液的烧杯置于已达试验温度的恒温水浴槽中，将涂了油污的试片夹挤在摆洗剂的架上，使试片表面垂直于摆动方向。先浸泡一下，然后开启摆洗机，按试验时间摆洗。

③ 结束后取出试片，在清水中漂洗，挂于试片架上，放入（50±5）℃的恒温烘箱中，干燥 15min 后取出，冷却至室温，称量，计算除油率。

除油率计算公式

$$X = \frac{m_1 - m_2}{m_1 - m_0} \times 100\%$$

式中，m_0 为试片质量；m_1、m_2 分别为清洗前后涂油试片质量。

备注：两片试片同时做，计算值误差不超过 3%，作为测定结果。

分别测定：

a. 液体洗涤剂浓度（2%、4%、6%）对除油率的影响；

b. 洗涤温度（20℃、30℃、40℃）对除油率的影响；

c. 洗涤时间（1min、2min、3min）对除油率的影响。

五、注意事项

1. 滴定时注意振摇后乳化液的破乳。

2. 摆洗、漂洗和干燥都要严格按规定进行，不能随意增加或减少，否则影响结果真实性。

六、思考题

1. 除了 LAS，该法还能测定什么类型的活性物？

2. 洗涤工艺对除油率有什么影响？

实验34 手工皂的制备与测试

一、实验目的

1. 学习皂化反应及肥皂制作;
2. 学习肥皂性能的测试。

二、实验原理

肥皂是长碳链羧酸盐。肥皂由脂肪或油在碱性条件下水解制成,该过程称为皂化反应。传统上,肥皂是由动物脂肪和碱液(氢氧化钠)制成的。脂肪和油是甘油和脂肪酸的三酯,可以在酸或碱的存在下水解成相应的醇和羧酸组分。因为疏水端很长,脂肪、油和长链脂肪酸都不溶于水。如果用碱水解,产生的脂肪酸被中和成羧酸盐。

$$
\underset{\substack{\text{H}_2\text{C}-\text{O}-\text{C}-(\text{CH}_2)_{16}\text{CH}_3 \\ \text{HC}-\text{O}-\text{C}-(\text{CH}_2)_{16}\text{CH}_3 \\ \text{H}_2\text{C}-\text{O}-\text{C}-(\text{CH}_2)_{16}\text{CH}_3}}{} + 3\ \text{NaOH} \longrightarrow \underset{\substack{\text{H}_2\text{C}-\text{OH} \\ \text{HC}-\text{OH} \\ \text{H}_2\text{C}-\text{OH}}}{} + 3\ \text{H}_3\text{C}(\text{H}_2\text{C})_{16}\text{C}-\text{ONa}
$$

羧酸盐是带电荷的,所以它们比相应的不带电荷的脂肪酸更易溶于水。但是油脂皂化形成的羧酸盐(皂)有一个长的非极性端,它们也与非极性油脂和油相溶。洗涤时,肥皂分子围绕在油滴周围,其非极性尾部嵌入油中,带电荷的“头部”基团位于油滴的外部,伸向水中(图5-1)。如果油滴足够小,并且周围有足够的肥皂分子,油滴就会被分散在水中,然后很容易被冲走。热水可以溶化固体脂肪,搅拌可以帮助脂肪和油分解成更小的液滴。因此使用肥皂在热水中搅动,可以帮助清洗油腻的盘子。但是只有足量的肥皂,才能包围和乳化所有的油滴。

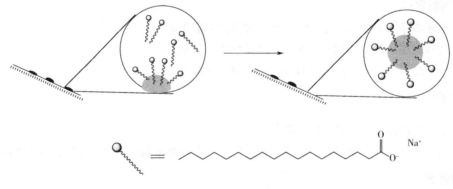

图5-1 肥皂洗涤原理

肥皂在硬水(含有大量 Mg^{2+} 和 Ca^{2+} 的水)中效果较差。硬水中的离子与肥皂分子会形成沉淀物。这种沉淀物通常在浴缸或水槽的边缘聚集,形成灰色线条,即“肥皂污沫”。

由于肥皂与这些离子形成沉淀，意味着许多肥皂分子不再存在于溶液中。"软水"是指含有很少或不含使肥皂沉淀的金属离子的水。因此，肥皂在硬水中形成的泡沫会更少，效果比在软水中差。

与肥皂相比，合成洗涤剂，如十二烷基硫酸钠，不是由天然脂肪或油制成的，不易与镁离子或钙离子形成沉淀，因此洗涤剂在软水和硬水中都能有好的洗涤效果。但是早期的合成洗涤剂难以自然降解。另外，许多商用洗涤剂还含有磷酸盐化合物，是植物的营养物质。如果池塘、湖泊或溪流中存在过多的磷酸盐会加速藻类的生长，从而过多消耗掉水中的溶解氧，扰乱池塘中的生态系统，导致部分生物死亡。总体而言，肥皂既不含有磷也可以自然降解，对环境更友好。

三、主要仪器和试剂

仪器：烧瓶，试管，电磁搅拌器，磁搅拌棒，回流冷凝管，油浴，烧杯，冰水浴，布氏漏斗，抽滤瓶。

试剂：脂肪或油，乙醇，20%氢氧化钠，饱和氯化钠溶液，去离子水，商用洗涤剂，商用肥皂，1%氯化钙溶液，1%氯化镁溶液，1%三氯化铁，广泛 pH 试纸。

四、实验步骤

1. 皂化反应及肥皂制作

① 称取一个 100mL 的烧瓶并记录质量。加入约 5g 脂肪或油，重新称重，并记录质量。通过减重法计算脂肪或油的质量。将烧瓶固定在电磁搅拌器上，装上回流冷凝管，置于油浴中。

② 向烧瓶中加入 15mL 乙醇、15mL 20%氢氧化钠和一个磁搅拌棒，开启搅拌、冷凝水和加热，回流反应直到溶液不再分层（大约 30min 左右），得到透明的肥皂液。冷却至室温，待用。

③ 取 50mL 饱和氯化钠溶液，倒入 400mL 烧杯中。将肥皂液倒入烧杯中，并用玻璃棒搅拌。将烧杯放入冰水浴中，直到达到水浴的温度。

④ 抽滤，收集肥皂块。用冷的去离子水冲洗肥皂。冲洗干净后，继续保持抽真空，使其进一步干燥。

⑤ 将肥皂转移到干净、干燥的烧杯中，放在通风橱里晾干，备用。

2. 肥皂性能测试

（1）分别配制两种肥皂溶液

将 1g 上一步制作的肥皂与 50mL 去离子水混合均匀，但尽量不要搅拌，避免产生大量泡沫。溶液配好后贴上标签。类似地，用 1g 商用洗涤剂（如果是液体，使用 20 滴）和商用肥皂分别与 50mL 去离子水混合，并旋转混合均匀，贴上标签。

（2）pH 测试

取四个试管，在第一个试管中，放入 10mL 自己制作的肥皂溶液；在第二个试管中，放入 10mL 商用肥皂溶液；在第三个试管中，放入 10mL 洗涤剂溶液；在第四个试管中，放入 10mL 去离子水（作为对照）；逐个贴上标签。逐一用搅拌棒搅拌每种溶液，然后测定 pH 值。记录每种溶液的酸碱度。将这些溶液保存到下一步实验使用。

（3）起泡测试

塞住步骤（2）中的 4 个试管，并连续摇动每个试管 10s。观察并记录每种肥皂溶液产生的泡沫量。将这些溶液保存到下一步实验使用。

（4）与油的相互作用

向每个试管中添加 5 滴油。塞住并连续摇动每个试管 10s。观察各试管油层的情况。将每个试管中的泡沫量与未加油时的泡沫量进行比较。记录试管中的泡沫是多还是少、哪种物质使油分散得更好（乳化）。

（5）硬水测试

给三个干净的试管贴上标签。分别加入 5mL 制作的肥皂溶液、商业肥皂溶液和洗涤剂溶液。向每个试管中加入 20 滴 1%氯化钙溶液，塞住试管并持续摇动 10s。将每个试管中的泡沫量与第（3）步中的泡沫量进行比较。记录试管中的泡沫比步骤（3）中的多还是少。

改用 20 滴 1%氯化镁溶液和 1%三氯化铁溶液，再次观察泡沫产生量，并将该泡沫量与步骤（3）中产生的量进行比较，记录观察结果。

五、注意事项

制作肥皂溶液时，注意不要剧烈摇晃或搅拌，以免产生大量泡沫，导致体积计量不准确。

六、思考题

1. 为什么脂肪和碱的反应混合物中要加入乙醇?
2. 为什么制备肥皂时将肥皂加入饱和食盐水中?

实验 35　液体透明洗发香波的配制

一、实验目的

1. 学习洗发香波的配制;
2. 了解配方原理和各组分的作用和添加量。

二、实验原理

洗发香波的作用是洗净头发上的污垢与头屑以达到清洁的效果，同时还使头发在洗后柔顺并留有光泽。洗发香波的配制操作比较简单，主要在于配方选择，一般考虑以下指标：①产品的形态和外观，例如液体黏稠度、色泽和透明度等；②泡沫量及稳定性；③产品性能，例如要容易洗清、不残留，洗后头发容易梳理、无静电、有光泽等；④产品安全性好，对皮肤特别是眼睛刺激性小。透明液体洗发香波由于要保持透明，一般选择浊点较低的原料，特别是在低温时仍然能保持透明的原料。

三、主要仪器和试剂

仪器：烧杯，搅拌器，温度计，三口烧瓶。

试剂：脂肪醇聚氧乙烯醚硫酸盐（AES），十二烷基硫酸铵（K12A），椰油脂肪酸二乙醇酰胺（6501），椰油酰胺丙基甜菜碱（CAB-35），阳离子瓜耳胶，硼砂，乙二胺四乙酸（EDTA），柠檬酸，氯化钠，卡松，聚季铵盐-39（M3330），珠光粉，水溶性硅油。

四、实验步骤

1. 配方

AES	12		水	64.5	
K12A	4		卡松	0.3	杀菌
6501	3		M3330	1.0	
CAB-35	6		珠光粉	4.0	
阳离子瓜耳胶	0.1		水溶性硅油	4.0	
硼砂	0.1		氯化钠	适量	增稠剂
EDTA	0.1	络合剂	香精	0.1~0.2	调香
柠檬酸	0.4				

2. 配制步骤

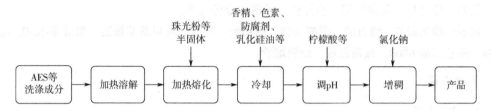

① 取 250mL 烧杯，在 70℃下将 0.2g 阳离子瓜耳胶溶解于 120mL 水中。

② 另取一烧杯，按配方比例称取 AES、K12A、6501、CAB-35、硼砂和 EDTA，再将瓜耳胶溶液加入，搅拌，并转移至三口烧瓶中，加入珠光粉、聚季铵盐-39，70℃下搅拌溶解至透明。

③ 降温至 35~40℃，加入香精、卡松、水溶性硅油搅拌溶解，并用柠檬酸溶液调节 pH 至中性。

④ 调节黏度。分批加入 10%氯化钠溶液（10mL），调节黏度至 5000cP（1cP=10^{-3}Pa·s）左右。

⑤ 降至室温得成品。

五、注意事项

加各批氯化钠时应充分搅拌，再加下一批，黏度显著变大后应及时测定黏度，合适后要及时停止加氯化钠。

六、思考题

1. 透明度与洗涤效果有没有关系？
2. 大部分组分都存在替代品，说明本配方中组分的特点及使用原因。

实验36 维生素C泡腾片的制备与测试

一、实验目的

1. 了解泡腾片的制备过程；

2. 了解泡腾片的原理;

3. 学习维生素 C 泡腾片的制作过程及检验。

二、实验原理

与普通片剂相比,泡腾片兼有固体制剂和液体制剂的特点,已经成为许多膳食补充剂和非处方药广受欢迎的剂型。泡腾片配方一般由稀释剂、润滑剂、黏合剂、崩解剂和甜味剂等组成。

泡腾片的制备工艺一般有酸碱分别制粒压片、酸制粒后与碱混合压片、酸碱混合后非水制粒压片以及粉末直接压片四种。其中酸碱分别制粒压片操作要求低,易于实现。维生素 C 泡腾片是目前市场上最成功的泡腾片产品之一。泡腾片中的酸组分与碳酸盐(CO₂源)在固体状态处于相分离状态,不发生反应。而在与水接触后溶解的部分立即发生中和,放出 CO_2 气体;同时在泡腾片表面形成大量微孔,增大表面积,且气泡还起到搅拌作用,加速了泡腾片的溶解。

本实验学习制作 1g/片的成人用非处方药规格的甜橙味维生素 C 泡腾片。

三、主要仪器和试剂

仪器:压片机,尼龙网筛,粉碎机,烘箱,分析天平。

试剂:维生素 C,酒石酸,碳酸氢钠,糖精钠,乳糖,羧甲基淀粉钠,聚维酮-K30,甜橙香精,聚乙二醇 6000,微粉硅胶,硬脂酸镁。

四、实验步骤

1. 配方选择

维生素 C 泡腾片的配方中主成分维生素 C 和崩解剂一般大同小异,其他辅助成分可以按喜好增减。很多商品维生素 C 泡腾片还含有其他营养或活性成分,如维生素 B 等。本实验选择维生素 C 泡腾片的基本配方。

维生素 C	25%	主成分	聚维酮-K30	4%	黏合剂
酒石酸	11%	崩解剂	甜橙香精	1%	矫味剂
碳酸氢钠	35%	崩解剂	聚乙二醇 6000	1%	润滑剂
糖精钠	1.5%	甜味剂	微粉硅胶	1%	润滑剂
乳糖	12%	稀释剂	硬脂酸镁	0.5%	润滑剂
羧甲基淀粉钠	8%	稀释剂			

2. 压片工艺

① 将固体原料分别粉碎,过 100 目筛。

② 按配方称取粉碎过的维生素 C 和酒石酸,混合均匀;然后加入适量含 5%聚维酮-K30 的无水乙醇,制软材,20 目尼龙网筛制粒,40~45℃烘干,整粒,得到酸粒。

③ 称取粉碎过的碳酸氢钠、乳糖、糖精钠、羧甲基淀粉钠和聚维酮-K30 混合均匀,然后加入适量含 5%聚维酮-K30 的无水乙醇;类似②制软材,20 目尼龙网筛制粒,40~45℃烘干,整粒,得到碱颗粒。

④ 将酸、碱两种颗粒按 3:5 的比例称取,合并。加入甜橙香精、微粉硅胶、硬脂酸镁和 PEG-6000,混合均匀,压片。

3. 质量检查与测试

（1）外观检查

随机抽取样品数片，平铺在白纸上，置于白炽灯下，用肉眼观察色泽以及是否存在杂色点、花斑和异物等。

（2）片重差异检查

随机抽取数片，精密称量总质量，求得平均片重后。再分别精密称量各片的质量，计算片重差异限度（±5%）。

（3）pH 值检查

任意取样品 1 片，加 15℃的水 10mL 崩解，测定 pH 值。

（4）崩解时限

随机取样品 1 片，置于 250mL 烧杯中，加 200mL 常温水，在 5min 内崩解，观察片剂是否溶解在水中且无聚集的颗粒残留。

五、注意事项

泡腾片易吸湿，压片时要注意控制温度≤20℃和空气湿度≤40%，制好的片剂也应存放于干燥的环境中储存。

六、思考题

1. 维生素 C 泡腾片与普通维生素 C 片剂在药效上有没有本质区别？
2. 如果原料粉碎后不过筛，对压片有何影响？
3. 泡腾片崩解的原理是什么？

实验37　雪花膏的制备与测试

一、实验目的

1. 了解乳化原理；
2. 学习膏体制剂的复配；
3. 学习雪花膏的特性测试。

二、实验原理

一般雪花膏以硬脂酸盐为乳化剂，属于以阴离子型乳化剂为基础的油/水乳化体系的护肤用品。雪花膏的护肤机理是其敷在皮肤上，水分挥发后可留下一层由硬脂酸、硬脂酸盐和保湿剂所组成的薄膜，隔绝皮肤与空气，防止表皮水分的过量挥发而导致的干燥、开裂，从而起到保护皮肤的作用。

三、主要仪器和试剂

仪器：机械搅拌器，烧瓶，恒温箱，电加热套，烧杯，电吹风，分析天平，玻璃仪器，温度计。

试剂：硬脂酸（一级品，200 型，碘值 2 以下），单硬脂酸甘油酯，十六醇，甘油，氢氧化钾，香精，防腐剂，水。

四、实验方法

1. 复配

① 配方组成：

硬脂酸	10.0%	香精	0.7%
单硬脂酸甘油酯	1.5%	尼泊金	0.1%
十六醇	3.0%	柠檬酸	0.1%
甘油	10.0%	水	74%
氢氧化钾	0.6%	总计	100%

② 将配方中的硬脂酸、单硬脂酸甘油酯、十六醇和甘油等油相组分一起加入烧瓶中，然后加热到 80～90℃熔融，机械搅拌 15min。

③ 再将氢氧化钾和水加到烧杯中，加热到 80℃以上，在搅拌下缓慢加入油相中，进行皂化反应，保温 30min。

④ 降温到 60℃时，加入香精、尼泊金（0.1%）和柠檬酸（0.1%），搅拌均匀，静置，冷却至室温。

2. 性能评价

（1）观察颜色和气味，并记录

（2）测定乳化体类型

将雪花膏涂在表面皿上，制成约 1.5mm 厚、6～7cm² 的薄膜。然后在不同部位分别撒上油溶性和水溶性染料，油溶性染料扩散为 w/o 型，水溶性染料扩散则为 o/w 型。

（3）测定 pH 值

用湿润 pH 试纸测定 pH 值，并记录。

（4）稳定性试验

① 将试样加入试管中，达到 3cm 左右高度，封口，放入（40±1）℃恒温箱，24h 后取出观察是否有油水分离。

② 将试样放入冰箱中，控温在-5℃，24h 后取出，待恢复室温后观察是否有油水分离。

③ 将试样装入 10mL 离心试管，高度 6～7cm，封口，放入 38℃恒温箱中，1h 后取出放入离心机，在 2000r/min 下离心 30min，观察是否有分层现象。

五、注意事项

膏状体湍流小，通过搅拌实现组分的混合均匀比液体和固体都更困难，需要选择合适的搅拌器（最好使用均质机），仔细优化参数，搅拌速度要适中，不是越快越好。

六、思考题

1. 膏状体搅拌使用哪类搅拌器效果好？

2. 如何确定混合达到均匀？

实验38　聚醋酸乙烯酯乳胶漆的配制

一、实验目的

1. 了解自由基聚合；
2. 学习聚醋酸乙烯酯的制备；
3. 学习乳胶漆的配制。

二、实验原理

使用石油醚、甲苯、有机酸酯类甚至有毒的苯等有机溶剂的传统涂料对施工人员、住户和环境都有很大危害，已经被市场淘汰。相比之下，以水为分散介质的乳胶漆绿色环保，是涂料工业的革命性突破，逐渐得到社会认同，成为主流建筑涂料。乳胶漆是通过乳液聚合得到的聚合物乳液，以微乳粒状态分散在水中，再与颜料、填料以及各种助剂如成膜剂、增稠剂、分散剂和消泡剂等复配后经高速均质形成，主要用途为建筑物内外墙涂饰。当涂刷在建筑物表面后，水分逐渐蒸发，干燥后微乳胶粒聚集形成连续的漆膜。

聚醋酸乙烯酯基础乳胶漆一般为乳白色，略带酸性至中性（pH=3～7）的黏稠液体，黏度一般 >0.5Pa·s，固含量 >30%。加入各种色浆后可以形成不同颜色的产品。由于使用水作为分散剂，乳胶漆具有安全环保、保色性好、干燥快等特点，而且使用方便，可以喷涂、刷涂和辊涂，广受消费者欢迎。本实验学习聚醋酸乙烯的制备和乳胶漆的配制。

醋酸乙烯酯在自由基引发剂存在下易于自聚和共聚。聚合形式多样，可以是本体聚合、溶液聚合、悬浮聚合和乳液聚合。作为自由基链式聚合，整个过程分为链引发、增长和终止三个阶段。与本体聚合、溶液聚合和悬浮聚合一般采用过氧化苯甲酰或偶氮二异丁腈作为引发剂不同，乳液聚合一般需要使用水溶性的过硫酸盐或过氧化氢为引发剂。

$$n\ \ CH_3COOCH=\!\!=CH_2 \xrightarrow[\text{乳化剂，水}]{\text{引发剂}} \ \ \overset{\displaystyle OAc}{\underset{n}{\diagup\!\!\diagdown\!\!\diagup\!\!\diagdown}}$$

一般认为乳液聚合过程首先发生在乳化剂的胶束中，后期分子量足够大时，发生在聚合体中，聚合物粒度较大，为微米级。

三、主要仪器和试剂

仪器：四口烧瓶，机械搅拌器，温度计，回流冷凝管，恒压滴液漏斗，加热浴，高速均质机，烧杯，漆刷，石棉板。

试剂：醋酸乙烯酯，聚乙烯醇，辛基酚聚氧乙烯醚（OP-10），过硫酸铵，邻苯二甲酸二丁酯，一缩乙二醇丁醚醋酸酯，羟乙基纤维素，五氯酚钠，六偏磷酸钠，钛白粉，碳酸钙。

四、实验步骤

1. 聚醋酸乙烯酯乳液的制备

① 取 500mL 四口烧瓶，装好机械搅拌器、温度计、恒压滴液漏斗和回流冷凝管，加入聚乙烯醇 8g、OP-10 乳化剂 2g、去离子水 100mL，开动搅拌，加热至 90℃，将聚乙烯醇全部溶解，冷却待用。

② 配制5%过硫酸铵溶液10mL，待用。

③ 取65mL新蒸醋酸乙烯酯，加入恒压滴液漏斗。先滴加约10mL到步骤①的四口烧瓶中，同时从回流冷凝管向四口烧瓶中加入0.5mL 5%的过硫酸铵溶液，搅拌，加热至60～65℃，反应1h。

④ 升温至80℃回流，在2h内滴加剩余的醋酸乙烯酯；其间每30min加1mL 5%过硫酸铵溶液。

⑤ 醋酸乙烯酯和引发剂加完后，升温至90℃，保温反应1h，至回流现象基本消失。搅拌下冷却至50℃，用稀碳酸氢钠溶液调节pH=5～6，滴加7g邻苯二甲酸丁酯，保温1h，得乳白色黏稠乳液，待用。

2. 乳胶漆的配制

(1) 醋酸乙烯酯乳胶漆配方

组分	规格	质量份	组分	规格	质量份
轧浆用去离子水		141.0	羟乙基纤维素		2.0
二氧化钛	锐钛矿	100.0	六偏磷酸钠		0.5
碳酸钙	400目	50.0	聚醋酸乙烯酯乳液	40%	135.0
活性白土	400目	45.0	去离子水		20.0
一缩乙二醇丁醚醋酸酯		10.0	五氯酚钠		1.0

(2) 配制步骤

按配方，将轧浆用去离子水、二氧化钛、活性白土、一缩乙二醇丁醚醋酸酯、羟乙基纤维素和六偏磷酸钠加入高速均质机，搅拌均匀后高速分散20～30min，低速搅拌下加入聚醋酸乙烯酯乳液和五氯酚钠，搅拌均匀，用水调节黏度，得乳胶漆。

(3) 在石棉板上刷涂配制的乳胶漆

要求表面干燥时间为10～15min，24h全干。

五、注意事项

1. 聚乙烯醇要溶解完全，不留残渣，否则应该过滤。

2. 醋酸乙烯酯单体的滴加要尽量均匀，引发剂要分批加入，并注意观察，防止爆聚。

3. 加乳液时注意控制搅拌速度，不要产生太多泡沫。

六、思考题

1. 过硫酸铵的作用是什么？是否可以用偶氮二异丁腈替代？

2. 写出自由基聚合的一般机理。

3. 如果搅拌不均匀对乳胶漆性能有什么影响？

实验39 彩色低残渣固体酒精的制备

一、实验目的

1. 了解彩色固体酒精的形成原理；

2. 学习彩色固体酒精的配制。

二、实验原理

固体酒精是由酒精分散在各种凝胶中形成的。本实验选择硬脂酸钠与酒精形成的凝胶，燃烧残留少。硬脂酸与氢氧化钠反应生成的硬脂酸钠是一个长碳链的极性分子，室温下在酒精中不易溶解。但在较高的温度下，硬脂酸钠可以均匀地分散在酒精中，而冷却后则形成凝胶体系，呈半固体状态，即所谓的固体酒精。

三、主要仪器和试剂

仪器：三口烧瓶，回流冷凝管，水浴，滴液漏斗，托盘天平，电磁搅拌器，烧杯，温度计，坩埚。

试剂：硬脂酸，工业酒精，氢氧化钠，酚酞，10%的硝酸钴溶液。

四、实验步骤

① 将 15mL 2mol/L 氢氧化钠溶液用 95%乙醇稀释成 1:1 的混合溶液 30mL，备用。

② 将 0.1g 酚酞溶于 10mL 60%乙醇中，备用。

③ 取 250mL 的三口烧瓶，加入磁搅拌棒，固定在电磁搅拌器上，中间口装回流冷凝管，一侧口装滴液漏斗，将三口烧瓶置于水浴中。

④ 从侧口向三口烧瓶加入 100mL 95%乙醇、5.6g 硬脂酸和 3 滴酚酞，再用玻璃塞塞好。将上述配好的氢氧化钠混合溶液（30mL）转入滴液漏斗，开启冷凝水、搅拌和加热，维持水浴温度在 70℃左右，直至硬脂酸全部溶解。

⑤ 从滴液漏斗滴加氢氧化钠混合溶液，滴加速度先快后慢，当溶液颜色由无色变为浅红又褪掉为止（约 20~25mL）。继续维持水浴温度在 70℃左右，搅拌回流反应 10~15min。然后加入 0.1mL 10%的硝酸钴溶液，再继续搅拌 5min。

⑥ 停止搅拌，降温至 55~60℃，趁热将溶液倒入模具中，自然冷却后得浅紫色的固体酒精。

⑦ 取适量制备的固体酒精，置于坩埚中，点燃后观察燃烧效果和残渣。

五、注意事项

1. 反应温度要控制在 70℃，温度太低，不能完全固化；温度过高则可能固化不均匀。
2. 硬脂酸用量不足时，凝固效果不好。

六、思考题

1. 用乙酸钙的饱和溶液与无水乙醇混合也可以得到固体酒精，与本实验制备的固体酒精有何不同？

2. 是否可以使用"地沟油"制作固体酒精？

第6章 绿色化学化工技术

当今社会，人们的生活已经与精细化工产品息息相关。种类繁多的精细化学品不仅极大地丰富了人们的日常生活，而且在疾病治疗、寿命延长以及工农业生产效率提高等各个方面都发挥着不可替代的作用。但化学化工在不断促进人类社会发展进步的同时，也造成了空气、水体和土壤污染等问题，给人类的生存环境带来了严重的负面影响。为了从源头上消除化学污染，在20世纪90年代化学家们提出了绿色化学概念。

绿色化学又称环境无害化学、环境友好化学或清洁化学等，自提出以来逐渐得到世界各国的响应，其目标是用化学技术和方法减少或消除那些对人类健康、生态环境有害的原料、催化剂、溶剂以及产品的使用和生产，防止事故发生，降低能源消耗，在继续发挥化学化工技术积极作用的同时，将其对人类健康和生存环境的可能危害等负面影响减少到最低。绿色化学化工的核心是从源头采用预防的手段，力求使化学反应具有"原子经济性"，化学过程实现废物的"零排放"或无害化，以达到全过程无污染。绿色化学已是当今国际化学科学研究的前沿之一。为了指导绿色化学研究与实践，阿纳斯塔（Anastas）和华纳（Warner）等人总结归纳了12条原则。

① 防止废物　设计化学合成方法，防止废物的产生，从而没有废物需处理或净化。

② 设计安全的化学品和产品　设计更有效，同时较小毒性或无毒的化学产品。

③ 设计较小危险性的化学合成方法　设计使用或产生对人们健康和环境无害或较小毒性的物质的合成方法。

④ 使用可再生资源　使用可再生资源的原料而非消耗型原料；可再生的原料一般来源于农产品或其他过程产生的废物；消耗型原料一般来源于石油、天然气等。

⑤ 使用催化剂，而不是化学计量试剂　通过催化反应将废物的产生量降到最低。催化剂的使用量较小，并且能多次使用。化学计量试剂一般过量且只能反应一次。

⑥ 避免化学衍生化　如果可能，尽可能避免不必要的衍生化（导向基团、保护/脱保护等暂时修饰）。衍生化需使用额外的试剂，并产生额外的废物。

⑦ 最大化原子经济性　应该设计合成方法，使得反应的最终产物含有最大比例的起始材料。

⑧ 使用安全的溶剂和反应条件　应避免使用如溶剂或其他辅助性化合物。如果必须使用，应使用无毒的。

⑨ 提高能量效率　可能的话，应在常温和常压下进行合成反应。

⑩ 设计使用后可降解的化学品和产品　化工产品应被设计在完成使命后能降解为无毒的物质，而不在环境中累积。

⑪ 防止污染的实时分析　在生产过程中进行实时监控，以减少或消除副产物的产生。

⑫ 最小化事故的可能性　设计化学品及其状态（固态、液态、气态），以降低爆炸、火灾、泄漏等事故的发生。

6.1 原子经济性与排放控制

为了衡量理论上化学反应中原料转化为最终产品的程度，即原子利用率，美国斯坦福大学的 B. M. Trost 教授提出了原子经济性概念。以环氧乙烷生产为例，用传统的氯醇法合成环氧乙烷，其原子利用率只有 25%。

$$H_2C{=}CH_2 \xrightarrow[\text{②Ca(OH)}_2]{\text{①Cl}_2} \underset{H_2C-CH_2}{\overset{O}{\triangle}} + CaCl_2 + H_2O$$

分子量　　　　　　　　44　　　111　　　18

原子利用率　44/173 = 25%

而采用乙烯催化环氧化方法仅需一步反应，原子利用率达到 100%。

$$2H_2C{=}CH_2 + O_2 \xrightarrow{\text{催化剂}} \underset{2H_2C-CH_2}{\overset{O}{\triangle}}$$

分子量　　　28　　32　　　　　　44

原子利用率　$2 \times 44/88 = 100\%$

这种原料分子中的原子 100% 地转变成产物的反应称为原子经济性反应。理论上，原子经济性反应不产生副产物或废物，可实现"零排放"（zero emission）。可见，有些反应本身必然产生副产物，而有些则不会。因此化工生产应该尽量采用原子经济性反应。值得指出的是，反应的原子经济性和原子经济性反应都属于理论概念，即不考虑反应的实际收率。

实验 40　抗氧剂双酚 A 的合成

一、实验目的

1. 学习双酚 A 的合成；
2. 验证原子经济性反应；
3. 了解双酚 A 的用途与安全性。

二、实验原理

双酚 A 的化学名称为 2,2'-双对羟基苯基丙烷，为无色结晶，熔点 155～158℃。双酚 A 易溶于乙醇、丙酮和乙醚等极性溶剂，微溶于水。双酚 A 主要作为各种塑料和涂料的抗氧剂，也是聚碳酸酯等聚酯的原料，与日常生活有紧密联系。研究表明双酚 A 虽然属于低毒性化学物质，但是属于环境激素，具有类雌性激素的功能，过量摄入对生殖功能特别是儿童发育有明显干扰。

双酚 A 一般由苯酚与丙酮在酸性催化剂促进下反应来合成，其中最常用的催化剂是硫酸，其机理是富电子芳环与碳正离子的 C—C 键形成反应。

三、主要仪器和试剂

仪器：三口烧瓶，量筒，烧杯，恒压滴液漏斗，布氏漏斗，水浴，回流冷凝管，电磁搅拌器，磁搅拌棒，分液漏斗，温度计。

试剂：苯酚，丙酮，硫酸，巯基乙酸，甲苯，去离子水，冰。

四、实验步骤

① 取 100mL 三口烧瓶，置于冰水浴中，并固定在电磁搅拌器上。加入 15g 苯酚和 30mL 甲苯，放入磁搅拌棒。三口烧瓶中间装上回流冷凝管，两侧口分别装上恒压滴液漏斗和温度计，开启电磁搅拌器。

② 称取 16.3g 浓硫酸，小心沿烧杯壁加入到 3.7mL 去离子水中，得到 80%硫酸，冷却至室温后，转入恒压滴液漏斗。

③ 当反应液温度低于 10℃时，缓慢将恒压滴液漏斗中的硫酸溶液加入反应液中。

④ 取下恒压滴液漏斗，称取 0.1g 巯基乙酸，加入三口烧瓶中，再装回恒压滴液漏斗。

⑤ 取 6mL 丙酮并转移到恒压滴液漏斗中，当反应液温度冷却至 20℃以下时滴加丙酮。滴加过程中保持反应液温度在 35℃以下。

⑥ 加料完毕后撤去冰水浴，改成水浴加热。将反应液升温至 40～45℃，搅拌反应 2h。

⑦ 撤去温度计、回流冷凝管和恒压滴液漏斗，趁热将反应液转入 250mL 分液漏斗中，用 70～80℃热水（30mL×3）洗涤。

⑧ 将有机相转移至 100mL 烧杯中，搅拌下冷却至室温，析出固体。用布氏漏斗抽滤，得双酚 A 粗品。

⑨ 将双酚 A 粗品称重，然后转移到 250mL 圆底烧瓶中，按粗品：水：甲苯=1：1：8 的质量比加入水和甲苯。装上回流冷凝管，开启冷却水，在电加热套上加热至固体全部溶解。

⑩ 停止加热，溶液冷却至室温结晶。用布氏漏斗抽滤，将滤饼转移到表面皿晾干。称重，计算产率。

五、注意事项

1. 滴加丙酮的过程中要严格控制温度。
2. 用水洗涤反应液时不要剧烈振荡，以防止产生乳化，难以分层。

六、思考题

1. 反应过程中，特别是滴加丙酮时，如果温度控制不好会产生怎样的结果？
2. 巯基乙酸起什么作用？
3. 水洗反应液时为什么要用热水？
4. 原子经济性反应在实际应用过程中是否能实现零排放？

实验 41　3,4,5,6-四苯基邻苯二甲酸二甲酯的合成

一、实验目的

1. 学习环化及芳构化技术合成多取代苯衍生物；
2. 了解 Diels-Alder 反应产物的转化。

二、实验原理

二苄基甲酮和二苯乙二酮在氢氧化钠存在下通过羟醛缩合反应生成四苯基环戊二烯酮。四苯基环戊二烯酮与丁炔二酸二甲酯进行 Diels-Alder 反应形成亚稳定的中间桥联双环结构，然后失去一氧化碳，形成六取代苯衍生物：3,4,5,6-四苯基邻苯二甲酸二甲酯。

三、主要仪器和试剂

仪器：电磁搅拌器，磁搅拌棒，圆底烧瓶，冷凝管，水浴，布氏漏斗，电加热套。

试剂：二苯乙二酮，二苄基甲酮，无水乙醇，氢氧化钾-乙醇饱和溶液，乙醇，丁炔二酸二甲酯，邻二氯苯，甲醇。

四、实验步骤

1. 四苯基环戊二烯酮的合成

① 向 25mL 圆底烧瓶中加入磁搅拌棒、0.75g 二苯乙二酮、0.75g 二苄基甲酮和 6mL 无水乙醇。

② 装上冷凝管，接通冷凝水，开启电磁搅拌器，将混合物在 85℃的水浴中加热回流，直到固体溶解。随后，将 1.15mL 氢氧化钾-乙醇饱和溶液通过冷凝管顶部滴入圆底烧瓶中，继续保温反应 15min。

③ 撤去加热，将反应液冷却至室温，并在冰水浴中放置 5min 结晶。通过布氏漏斗进行抽滤，用乙醇洗涤滤出的晶体，抽干，获得粗产品，计算产率。

2. 3,4,5,6-四苯基邻苯二甲酸二甲酯的合成

① 在干燥的 25mL 圆底烧瓶中加入磁搅拌棒、0.50g 步骤 1 制备的干燥四苯基环戊二烯酮，再加入 0.25mL 的丁炔二酸二甲酯和 5mL 的邻二氯苯。

② 装上空气冷凝管，开动电磁搅拌器，在电加热套上加热，使溶液轻微回流 5～10min。

③ 停止加热和搅拌，等溶液冷却至 80℃，加入 5mL 乙醇，逐渐有晶体析出，继续冷却至室温后，放置在冰水浴中进一步结晶。

④ 使用布氏漏斗抽滤收集晶体，用少量甲醇冲洗晶体以去除残留的黄色，继续抽干，得乳白色晶体，称重，计算产率。

五、注意事项

向加热或回流的圆底烧瓶中加物料,务必通过冷凝管上端口或预选安装的恒压滴液漏斗进行,而不能打开瓶口直接加入瓶内。

六、思考题

1. 写出反应机理,特别是第二步反应的中间体是什么?
2. 预期下列哪种化合物具有更大的偶极矩?

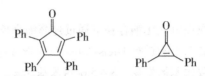

实验42　肉桂酸的瑞尼镍催化氢化还原

一、实验目的

1. 学习瑞尼(Raney)镍的制备;
2. 了解常压催化加氢技术;
3. 学习量气装置的使用。

二、实验原理

按照催化体系的物相不同,催化过程可以分为均相催化、异相催化以及相转移催化等。均相催化中催化剂溶解于反应体系,一般活性较高,重现性好,但是反应结束后催化剂的分离和回收比较困难。异相催化中催化剂不溶于反应体系,很好地解决了催化剂的分离和回收问题,因而在工业上应用更广泛。异相催化一般将催化活性物负载于一定的载体上,特别是分子筛等多孔载体上,因此催化过程比均相催化更复杂。一般而言,除了在催化活性位点类似于均相催化的反应外,异相催化过程包括以下步骤。

① 反应物从气相或液相向固体催化剂外表面扩散;
② 反应物从催化剂表面沿着微孔道向催化剂内表面扩散;
③ 至少有一种或几种反应物在催化剂内表面活性位点发生化学吸附;
④ 被吸附的相邻活化反应物分子进行化学反应,或是吸附在催化剂表面的活化反应物分子与孔道中的反应物分子发生反应,生成吸附态产物;
⑤ 吸附态产物从催化剂内表面活性位点脱附;
⑥ 产物从催化剂内表面扩散到外表面;
⑦ 产物从催化剂外表面扩散到气相或液相本体中,一个催化循环过程结束。

催化氢化在工业生产和实验室合成中都有广泛应用。催化氢化反应的优点包括:①100%原子经济性,没有副产物;②氢气价格便宜;③化学选择性好,对碳碳不饱和键、硝基及亚硝基化合物反应性高,而对醛、酮、酯和腈官能团活性相对较低。

催化氢化反应可根据具体情况在不同的温度和压力下进行。根据反应体系压力不同,可将催化氢化分为常压氢化、中压氢化(4~5atm,1atm=101.325kPa)及高压氢化(>6atm)。根据催化剂是否溶解于反应体系，催化氢化又可分为均相氢化和异相氢化。催化氢化反应的速率由底物结构和催化剂的活性共同决定。烯烃的催化氢化，碳碳双键上取代基越多，体积越大，或连有吸电子基团，都会降低反应速率。催化氢化所用催化剂大多是周期表中第Ⅷ族的过渡金属及其化合物。催化剂的活性与金属的种类、催化剂结构有关，催化剂载体、添加剂（助催化剂）、溶剂、温度和压力也在很大程度上影响催化剂的活性。

金属镍催化剂由于价格便宜在工业上应用广泛。Raney 镍是最常用的异相镍催化剂，其制备方法是用氢氧化钠溶液溶蚀镍铝合金，将其中的铝转化为可溶性的铝酸钠洗去，剩下的镍宏观上呈细粉状，微观上是多孔的骨架状，所以也叫骨架镍，具有很大的比表面积，因而有很高的催化活性。Raney 镍依制备的条件和具体操作不同而具有不同的活性特征，分为 W1 ~ W7 等不同的型号。本实验学习制备高活性 W7 型海绵状 Raney 镍，并作为异相催化剂催化肉桂酸常压氢化合成氢化肉桂酸。

$$\langle\!\!\!\bigcirc\!\!\!\rangle\text{—CH}\!=\!\!\text{CH—COOH} + \text{H}_2 \xrightarrow{\text{Raney 镍}} \langle\!\!\!\bigcirc\!\!\!\rangle\text{—CH}_2\text{CH}_2\text{COOH}$$

三、主要仪器和试剂

仪器：烧杯，量筒，三口烧瓶，梨形烧瓶，量气管，分液漏斗，具活塞接头，电磁搅拌器，磁搅拌棒，翻口橡皮塞，乳胶管，真空泵（系统），旋转蒸发仪，熔点仪。

试剂：镍铝合金，氢氧化钠，去离子水，95%乙醇，肉桂酸，氢气源。

四、实验步骤

1. 催化剂的制备

① 取 600mL 烧杯，置于结晶皿内，向烧杯中加入 4.0g 镍铝合金（含镍 40% ~ 50%）、40mL 水。

② 将结晶皿放置于通风良好的通风橱内，分批加入固体氢氧化钠 6.4g。刚开始加入时反应有 1min 左右的诱导期，然后反应快速发生，放热，并产生大量泡沫。加入氢氧化钠的速度以维持反应激烈沸腾但泡沫不溢出烧杯为准。

③ 加完氢氧化钠，待反应平稳后继续在室温放置 10min。将烧杯转移到预热至 70℃的水浴中保温 30min。

④ 撤去水浴，将烧杯静置，使镍沉于底部。然后小心倾去上层溶液，用去离子水洗涤镍催化剂，每次 20mL。洗出液用试纸测定 pH 值，至洗出液 pH 值为 7 ~ 8 为止。

⑤ 再用 3×30mL 95%乙醇洗涤，最后用 30mL 乙醇覆盖催化剂，烧杯用表面皿盖住，放置备用。

⑥ 用不锈钢刮刀挑取少许催化剂到滤纸上，溶剂挥发后催化剂会发火自燃，表明活性良好，否则催化剂活性不够。

2. 检漏

① 取三口烧瓶固定在电磁搅拌器上，加入磁搅拌棒，三口烧瓶一个侧口用翻口塞密封，另一侧口装磨口接头，中间装上具活塞接头。

② 取一量气管固定在铁架台上，上面接上两通活塞，一边与氢气源连接，另一边与三口烧瓶一侧口用乳胶管连接。量气管下接口通过乳胶管与平衡瓶（500mL 分液漏斗）连接，如图 6-1 所示。

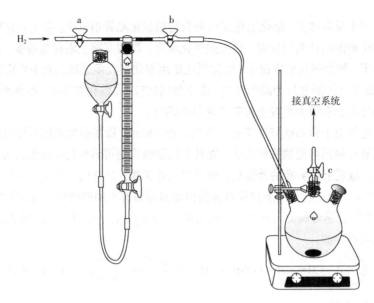

图6-1　量气装置示意图

③ 关闭活塞 a，打开活塞 b 和 c，使量气管与三口烧瓶相通。

④ 将分液漏斗降低到量气管底部，往里面注入清水 300mL 以上，并使其水平面与量气管下部的 200mL 刻度线平齐。

⑤ 关闭活塞 c，升高分液漏斗至高于量气管顶部，维持 10min。

⑥ 降低分液漏斗使其中水平面与量气管中水平面相平齐，观察量气管中水平面所在的刻度线，如仍为 200mL，表明装置不漏气。如在 200mL 刻度线以上，则说明漏气。找出漏气的位置进行密封，直到不漏气为止。

3. 催化剂吸氢

① 关闭活塞 a，将氢气源连接到两通活塞另一口。

② 取下翻口橡皮塞，将制备好的 Raney 镍催化剂连同所覆盖的 15mL 乙醇一起迅速移至三口烧瓶中，注意尽可能不使催化剂暴露于空气中，用 2mL 乙醇冲洗下瓶口或瓶壁上可能黏附的催化剂，再装上翻口橡皮塞。

③ 打开活塞 b 和 c，提高分液漏斗，使量气管中充满水。

④ 将活塞 c 通过橡皮管与真空泵相接。

⑤ 关闭量气管下旋塞，打开真空系统，抽除三口烧瓶中的空气。

⑥ 关闭活塞 c，打开活塞 a，使氢气源与三口烧瓶相通，氢气充入三口烧瓶。

⑦ 关闭活塞 b，打开活塞 c，再抽气一次。

⑧ 关闭活塞 c，打开活塞 a，再次使三口烧瓶与氢气源相通。

⑨ 重复步骤⑦、⑧3 次，使三口烧瓶中的空气尽可能被氢气置换，关闭活塞 c，切断真空系统连接。

⑩ 关闭活塞 b，使量气管只与氢气源相通。

⑪ 打开量气管下旋塞，再降低分液漏斗，氢气即自动充入量气管中。

⑫ 当分液漏斗中的水平面与量气管中的水平面均与 200mL 刻度线相平齐时，关闭活塞 a，打开活塞 b，将分液漏斗放回高位。

⑬ 开动电磁搅拌器，催化剂被搅起并与氢气接触，吸氢开始，量气管中水面缓缓上升。

⑭ 5min 后降低分液漏斗，使其水平面与量气管中水平面相平齐，记下读数，再将分液漏斗放回高位。5min 后再次记录，两次读数的差值即为这 5min 内的吸氢量（mL）。

⑮ 每 5min 记录一次，直到连续三个 5min 吸氢总量不足 0.5mL 时可以认为催化剂吸氢已达饱和。

⑯ 关闭电磁搅拌器，计算催化剂吸氢总量。

在此过程中每当量气管快要被水充满时，记录数据然后关闭活塞 b，打开活塞 a 充入氢气，再对齐分液漏斗和量气管水位，记下刻度，再关闭活塞 a，打开活塞 b，重新开始吸氢，至不再吸氢为止。

4. 肉桂酸的氢化

① 在锥形瓶中称取 2.0g 的肉桂酸，加入 30mL 95%乙醇，溶解。

② 用注射器将肉桂酸溶液通过翻口橡皮塞密封侧口加到三口烧瓶中，并更换翻口橡皮塞为磨口玻璃塞。

③ 关闭活塞 a，开启电磁搅拌器进行氢化反应。

④ 当量气管快要被水充满时，记录数据然后关闭活塞 b，打开活塞 a 充入氢气，再对齐分液漏斗和量气管水位，记下刻度，再关闭活塞 a，打开活塞 b，继续反应。

⑤ 每 5min 记录一次吸氢体积，直到连续三个 5min 不吸收氢气为止。

5. 产品的处理

① 拆去氢气源、量气管、平衡瓶和连接的乳胶橡皮管，取下具活塞接头放掉三口烧瓶中的氢气。

② 取下三口烧瓶，反应液用折叠滤纸过滤。滤出的催化剂放到指定容器中。

③ 将滤液转移到 250mL 梨形烧瓶中，用旋转蒸发仪除去溶剂，冷却，产品固化。称重，测定熔点，计算收率。

五、注意事项

1. 氢气易燃易爆，当空气中含有 4%～74.2%（体积分数）的氢气时，遇火花即可引起爆炸，所以在使用氢气时应熄灭附近所有火源，并避免使用可以产生火花的设备和试剂，例如 Raney 镍催化剂暴露于空气中会自燃，故必须以溶剂覆盖。

2. 回收的催化剂仍有起火燃烧的危险，应回收集中处理，不可乱丢乱倒。

六、思考题

1. 为什么 Raney 镍催化剂可以自燃？
2. 除了 Raney 镍催化剂外，还可以用哪些催化剂进行烯烃加氢还原？

实验43 苯胺的磺化

一、实验目的

1. 学习芳胺的磺化；
2. 巩固反应蒸馏操作；
3. 学习试剂和溶剂的循环套用。

二、实验原理

与烷基苯、酚和醚等富电子芳烃不同，芳胺在与硫酸接触时首先是氨基成盐。由于氨基成盐，芳环被钝化，因此磺化反应一般需要高温。一般认为，芳胺的磺化反应有两种机理。芳胺硫酸盐在受热时，首先脱水形成磺酰胺；然后可以直接磺化，再水解形成氨基苯磺酸；或者磺酰胺转位重排，形成氨基苯磺酸。

在硫酸过量的条件下，两种机理可能都存在。但是在硫酸不过量时，由于成盐已经消耗了所有的磺化质点，因此只有通过重排才能形成氨基苯磺酸。由于磺酸盐在惰性有机溶剂中的溶解度低，无论是溶剂辅助转位还是直接高温转位，受热都难以均匀，因此常常伴随分解，产品质量差。为了纯化，粗产品需要用碱溶液溶解，脱色，再酸化析出产品，导致工艺三废多，对环境不友好。本实验采用一倍过量的硫酸与苯胺反应，成盐磺化后再水解成氨基苯磺酸。过量的酸脱水浓缩，作为磺化剂循环套用，以达到减排的目的。

三、主要仪器和试剂

仪器：四口烧瓶，机械搅拌器，蒸馏头，冷凝管，尾接管，收集瓶，温度计，恒压滴液漏斗，电加热套，砂芯漏斗。

试剂：浓硫酸（98%），苯胺。

四、实验步骤

1. 用新鲜硫酸磺化

① 将 500mL 四口烧瓶装上机械搅拌器，中间口装上蒸馏头，接冷凝管、尾接管和收集瓶；侧口分别装上恒压滴液漏斗和温度计，并将四口烧瓶置于电加热套上。

② 向四口烧瓶中加入 200g 浓硫酸（98%），开动机械搅拌器；向恒压滴液漏斗中加入 93g 苯胺，缓慢滴加到硫酸中。由于剧烈放热，须控制滴加速度，保持内温不超过 150℃。

③ 打开电加热套加热开关，加热到 190℃左右，直到蒸馏收集到约 18g 水为止。

④ 停止加热，当反应液冷却到 80~90℃时将收集的水（18g）和另外 24g 水通过恒压滴液漏斗加入反应混合液，使剩余硫酸浓度稀释到 70%左右。将反应液继续冷却到室温。

⑤ 用砂芯漏斗抽滤，以 15mL 水洗涤滤饼，然后尽量抽干，得到氨基苯磺酸，称重，计算产率。滤液收集待套用。

2. 用套用硫酸磺化

向用新鲜硫酸磺化后产生的母液中加入 100g 新鲜硫酸，重复 1 的步骤。注意收集的水量应该包括反应的生成水 18g、稀释水 24g 和洗涤水 15g。计算收率，比较两次的收率差异。

如果愿意，滤液可以继续套用。

五、注意事项

1. 取用浓硫酸要戴手套，避免接触皮肤、织物和纸。如有滴漏，应用干抹布擦除，再水洗。

2. 机械搅拌桨叶大小应与烧瓶体积匹配,以免搅拌不彻底。

六、思考题

1. 为什么反应不是主要在邻位磺化?
2. 第二次采用套用硫酸进行磺化,收率是高了还是低了? 继续套用会有什么影响?

实验44 对甲苯胺的两步一锅法合成 *N*-乙酰-2-氯对甲苯胺

一、实验目的

1. 学习活泼芳烃的氧化氯化;
2. 学习一锅法反应技术;
3. 巩固混合溶剂重结晶纯化。

二、实验原理

活泼芳烃的氯代一般不需要使用氯气等高活性试剂,而是通过氯离子在氧化剂存在下原位生成低浓度的活性氯。双氧水氧化盐酸形成活性氯氯化活化苯环,副产物只有水,符合绿色化学原则。本实验以 *N*-乙酰对甲苯胺为底物进行双氧水氧化盐酸,实现选择性单氯化。

N-乙酰对甲苯胺可以通过对甲苯胺与乙酸脱水酰化,或者用乙酸酐直接酰化得到。

通过乙酸脱水,副产物只有水,符合绿色化学原则。但是反应慢,需要将反应的水不断蒸出以促进反应(反应精馏)。为了节省时间,可以用乙酸酐/乙酸体系酰化,副产物是乙酸(反应溶剂),反应速率快,条件温和,副产物可循环,也符合绿色化学原则。

对于一个两步或多步反应才能完成的合成,传统上要求在每步反应之后将反应中间产物分离纯化、鉴定,然后再作为原料进行下一步反应。但是这种分步操作的处理方式必然耗时长、占用设备多,而且会排放更多的废物。在一定条件下,有些单元反应之间有良好的兼容性,可以在两步或者多步反应结束之后再进行产物分离等后处理操作,这种集约型的工艺过程不仅效率更高,而且更符合绿色化学的要求。在一个反应设备里完成两个或多个单元反应步骤的过程也形象地称为一锅法反应工艺。

只有满足一定条件的单元反应才能采用一锅法集成工艺。首先,各步反应操作设备相同。其次,前一步原料、辅剂残留以及副产物对后面各步反应没有明显不利影响。另外,各步反应也应尽量使用相同的溶剂,以免去蒸出溶剂的过程。对甲苯胺进行氨基酰化保护,副产物无论是乙酸(酸酐酰化)还是水(乙酸脱水酰化),与下步盐酸/双氧水氧化氯代合成 *N*-乙酰-2-氯对甲苯胺都相容,因此适合采用一锅法工艺。

三、主要仪器和试剂

仪器：三口烧瓶，圆底烧瓶，电磁搅拌器，磁搅拌棒，温度计，滴液漏斗，水浴，旋转蒸发仪，布氏漏斗。

试剂：乙酸，对甲苯胺，乙酸酐，浓盐酸，28%～30%双氧水，饱和亚硫酸氢钠水溶液，淀粉碘化钾试纸，甲醇。

四、实验步骤

① 取150mL三口烧瓶，加入磁搅拌棒，固定在电磁搅拌器上；加入40mL乙酸，再装上温度计和2个滴液漏斗，将三口烧瓶置于常温水浴中。

② 向滴液漏斗1中加入10.7g对甲苯胺，滴液漏斗2中加入11g乙酸酐。搅拌，将滴液漏斗1中的对甲苯胺慢慢滴加到乙酸中，加完后得到一个浅黄色清亮溶液。然后再将乙酸酐从滴液漏斗2中慢慢加入，过程放热，控制滴加速度，保持内温不超过35℃，搅拌反应。

③ TLC跟踪反应进程（乙酸乙酯:石油醚=1:3展开），如果30min之后仍然有原料剩余，补加少量乙酸酐，使苯胺完全消失。

④ 接着从滴液漏斗1加入20mL浓盐酸，并将水浴换成0～5℃的冰水浴。取12g 28%～30%浓度的双氧水加入滴液漏斗2。当三口烧瓶内温在5℃以下时，缓慢滴加双氧水，滴加过程保持内温10℃以下，搅拌反应3h。

⑤ 撤去冰水浴，自然升至室温。向反应液滴加饱和亚硫酸氢钠水溶液，搅拌去除残留的过氧化物。用淀粉碘化钾试纸检测过氧化物残留的去除情况，直至试纸1min不变色。

⑥ 撤除反应装置，将反应液转入250mL烧瓶，用旋转蒸发仪回收乙酸，其间有晶体析出。

⑦ 当不再有液体蒸出时，取下烧瓶，加入100mL水，搅拌均匀，用布氏漏斗过滤，滤饼水洗，抽干，得粗品。

⑧ 将粗品加入最少的热甲醇中溶解，搅拌下滴加水，直至有固体出现（云点），冷却至室温，析出晶体。用布氏漏斗过滤，水洗滤饼，抽干。

⑨ 滤液用旋转蒸发仪浓缩至云点出现，室温放置结晶。用布氏漏斗过滤，水洗滤饼，抽干。合并两次产品，称重，计算收率。

五、注意事项

1. 对甲苯胺可能因氧化而呈棕色，但是基本不影响反应。
2. 加双氧水不能用加苯胺的滴液漏斗。
3. 蒸馏乙酸前，要确保双氧水已经清除干净。

六、思考题

1. 苯胺 *N*-乙酰化，不用乙酸酐，而是直接使用乙酸，如何进行反应？
2. 一锅法与分步反应相比，有什么优点？
3. 能否先盐酸/双氧水氯代再酰化？
4. 如果反应颜色呈很深的棕色，可能是什么原因？

实验45　对氯硝基苯的铁催化选择性氢转移还原

一、实验目的

1. 学习硝基的氢转移还原；
2. 学习负载催化剂制备；
3. 了解水合肼还原机理。

二、实验原理

常用的芳硝基的还原方法有铁粉还原、硫化碱还原和催化加氢还原等。铁粉还原由于副产铁泥，处理困难，在工业上已经被禁止使用。硫化碱还原选择性好，但是效率低，污染大，也不适用于现代精细化工生产。过渡金属催化氢化是清洁的芳硝基还原技术，但是操作比较复杂，设备要求较高，官能团兼容性较低，对于一些底物如芳环带有氯、溴和碘取代的硝基苯衍生物会同时发生脱卤副反应。活性炭负载铁催化的水合肼还原硝基，操作简单，环境友好，化学选择性高，特别适合硝基卤代芳烃的选择性还原。

活性炭负载铁催化的水合肼还原硝基机理十分复杂。总体而言，活性炭的作用在于吸附底物和传导电子，以实现2电子还原剂（水合肼）进行4电子还原过程，其中水合肼在活性炭表面的首次2电子氧化生成二亚胺（HN=NH）一般是整个过程的决速步。

$$2ArNO_2 + 3H_2NNH_2 \xrightarrow{\text{催化剂}Fe_mO_n/C^*} 2ArNH_2 + 4H_2O + 3N_2$$

本实验以三氯化铁（$FeCl_3$）与碳酸钾（K_2CO_3）在活性炭存在下反应，形成的负载于活性炭的铁氧化物为催化剂，将对氯硝基苯选择性还原制备对氯苯胺。

三、主要仪器和试剂

仪器：三口烧瓶，回流冷凝管，恒压滴液漏斗，电磁搅拌器，磁搅拌棒，电加热套，玻璃漏斗，布氏漏斗，旋转蒸发仪。

试剂：甲醇，对氯硝基苯，三氯化铁，碳酸钾，活性炭，80%水合肼。

四、实验步骤

① 向250mL三口烧瓶依次加入甲醇100mL、对氯硝基苯7.9g、三氯化铁0.4g、碳酸钾0.7g、活性炭0.8g。

② 加入磁搅拌棒，装上回流冷凝管和50mL恒压滴液漏斗，将三口烧瓶置于带有电磁搅拌的加热装置中，接通冷凝水，升温至回流，搅拌反应10min。

③ 取5mL 80%水合肼，加入恒压滴液漏斗，缓慢滴加至反应液中，搅拌回流反应。

④ 通过TLC（展开剂：石油醚-乙酸乙酯，1/100～1/10，紫外或碘缸显色）监测反应进程至反应结束。

⑤ 将反应液冷却至室温，用玻璃漏斗滤除活性炭，收集滤液，用旋转蒸发仪浓缩至20mL

左右。冰水冷却结晶。用布氏漏斗抽滤，少许冷甲醇洗涤滤饼，收集产品。

⑥ 向滤液中滴加水，至有浑浊出现，50℃加热溶解清亮，冷却至室温结晶，再放入冰水冷却结晶。用布氏漏斗过滤，少许冷甲醇洗涤滤饼，收集产品。

⑦ 观察两批产品外观，TLC 分析纯度（石油醚：乙酸乙酯=3：1），分别测熔点。合并产品，抽干，计算总产率。

五、注意事项

1. 氯化铁易吸水，虽然不影响反应，但是会导致称量不准，建议使用减量法称量。

2. 用混合溶剂法重结晶的关键在于不良溶剂的选择与加入速度。如果难以再增加不良溶剂的量，也可以通过浓缩良溶剂来达到过饱和。

六、思考题

1. 一般硝基还原过程有哪些中间体？

2. 如果使用瑞尼镍催化加氢还原，结果会有何不同？

3. TLC 碘缸显色对产物对氯苯胺和原料对硝基氯苯哪个更适合？

实验46　对二甲苯氧气氧化制对甲基苯甲酸

一、实验目的

1. 学习催化氧气清洁氧化芳烃侧链；

2. 了解胶束催化技术；

3. 学习催化剂活性测定与回收；

4. 学习气相色谱内标法定量分析。

二、实验原理

空气或氧气氧化碳氢键（C—H）不仅氧化剂廉价易得，而且唯一副产物是水，因此是符合绿色化学原则的化学过程。空气或氧气的 C—H 氧化过程一般需要在催化剂存在下才能快速、可控地进行。催化剂的性能可以通过选择性、活性和寿命（稳定性）加以评估。在催化反应中，催化剂用量一般是低于化学计量的，因此催化是一个循环过程。催化剂在单位时间的循环次数（转换频率，TOF）和在失活之前能循环的总次数（转换数，TON）越多说明催化剂的活性和稳定性越好（寿命长）。对于稳定性高而活性较低的催化剂，一般使用较大量的催化剂进行反应，以保证反应能在有限时间内完成或有较高的单程转化率。这种情况下反应结束后催化剂仍然有活性，可以回收继续使用。与均相催化中催化剂与反应体系处于同一物相以及异相催化中催化剂与反应体系处于不同物相都不同，胶束催化的催化剂在反应体系中的两个及以上互不相容的物相体系中形成胶束结构（分子反应器），使反应物分子能够在其中相互接触而发生反应。本实验以二葵基二甲基溴化铵作为乳化剂，将不溶于有机相的氯化钴通过形成胶束乳化于二甲苯中作为催化剂，催化苄基氧气氧化。该氧化体系对电子效应十分敏感，因此当一个甲基被氧化成羧酸后，剩余苄基的 C—H 键电子密度下降，氧化变得困难，反应停留在单羧酸阶段。

$$Q^+Br^-(org) + CoCl_2(s) \rightleftharpoons Q^+CoCl_2Br^-(org)$$

三、主要仪器和试剂

仪器：三口烧瓶，电磁搅拌器，磁搅拌棒，翻口塞，回流冷凝管，具活塞接头，具活塞导气管，布氏漏斗，旋转蒸发仪，注射器，气相色谱仪（GC），电加热套。

试剂：六水合氯化钴（$CoCl_2 \cdot 6H_2O$），二癸基二甲基溴化铵（DDAB），对二甲苯，对二氯苯，氧气。

四、实验步骤

① 向 100mL 三口烧瓶中加入 0.9g 六水合氯化钴、1g 二癸基二甲基溴化铵、30mL 对二甲苯和 0.5g 对二氯苯作 GC 内标，加入磁搅拌棒。三口烧瓶一个侧口用翻口塞密封，中间口装上回流冷凝管，其顶端用具活塞接头与鼓泡器连接；另一个侧口用具活塞导气管与氧气源（钢瓶，气球或氧气袋）连接，导气管出口没在液面下，打开氧气入口活塞，吹扫三口烧瓶，置换空气。

② 将三口烧瓶固定在加热装置上，接通冷凝水，开始搅拌，加热至 120℃反应。

③ 分别在开始反应时及每间隔 1h 取样 1mL，用气相色谱分析。根据内标法定量，确定转化率。

④ 反应 3～5h 后，停止加热，冷却至室温，析出晶体。布氏漏斗抽滤，滤饼用水（10mL×3）洗涤；然后抽干，称重，计算转化率和催化剂的转换频率。

⑤ 滤液分出水相，用旋转蒸发仪除尽水，得到固体即为回收催化剂，称重，计算回收率。

五、注意事项

1. 反应过程要保持氧气正压，但鼓气速度不要过快，以免将原料吹出。
2. 取样用注射器，直接从翻口塞侧口抽取，不需要打开烧瓶。

六、思考题

1. 能否计算催化剂的转换数（TON）？有没有意义？
2. 对于稳定性较低的催化剂是否可以回收再使用？
3. 气相色谱内标法定量有什么要求？还有什么其他定量方法？

6.2 非常规溶剂与VOCs控制

溶剂在精细化工过程中起溶解或分散作用，以实现均匀可控的传热和传质。传统上，有机反应一般以有机液体小分子化合物作为溶剂。有机物种类繁多，常用的溶剂有醇类、醚类、酯类、酮类、酰胺类以及烷烃、芳烃和相应的氯代烃等等。这些有机小分子溶剂沸点一般在 200℃以下，具有挥发性，甚至易挥发。由于溶剂的使用量很大，经常是反应物总质量的 5～10 倍，因此即使有良好的回收过程，实现80%～90%回收率，仍然会有大量的溶剂作为挥发性有机物（VOCs）排放进环境中，特别是空气中。为了从源头上减少或消除有机溶剂的挥发排放，使用水、超临界流体和低温熔盐（离子液体）等替代有机溶剂是一个有前景的方案。本节选取几个典型的例子，以展示这些替代溶剂的基本特点。

实验47 咪唑型离子液体的合成与纯化

一、实验目的

1. 学习离子液体的合成与纯化；
2. 了解离子液体的特点及与一般分子溶剂的区别。

二、实验原理

20世纪末期，为了解决挥发性有机物（VOCs）造成的污染问题，化学家们尝试将低温熔盐作为挥发性有机溶剂的替代品在有机合成反应中使用并称之为离子液体，即完全由正负离子组成的液态物质。一般的有机反应都是在200℃以下进行的，因此在有机反应中使用的离子液体一般是指熔点低于200℃的熔盐。其中，熔点在100℃以下的有机熔盐更常用。离子液体具有一些常规有机分子溶剂所不具有的特点：①离子液体属于熔盐，几乎没有蒸气压，不挥发，因此不像一般挥发性有机溶剂容易造成空气污染，同时又可以通过蒸馏方便地与挥发性有机物分离。②离子液体由正负离子构成，可以很容易地通过改变正离子或负离子而调节离子液体的溶解性能等物理和化学性质。例如改变碳链或负离子可以使相应的离子液体亲水或憎水；或能溶解特定的金属催化剂；或能溶解反应原料而不溶解产物等。因此离子液体又被称为"定制溶剂"或"可裁剪溶剂"。③离子液体的极性很大，但与一般的强极性有机溶剂同时具有较高配位能力不同，离子液体可以设计成非配位性强极性溶剂，特别适合用于过渡金属配位催化过程。④通过对正负离子的官能团化，可以获得具有特定性能的功能化离子液体。例如具有催化性质的Lewis酸或Bronsted酸性离子液体，既作为溶剂又起到催化剂的作用。常见的离子液体主要是含氮有机季铵盐和部分有机季磷和季硫盐（图6-2）。

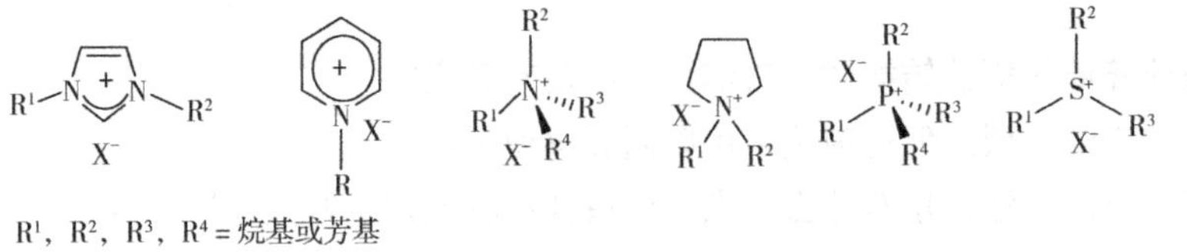

R^1，R^2，R^3，R^4 = 烷基或芳基
X^- = Cl^-，Br^-，I^-，BF_4^-，PF_6^-，$CH_3CO_2^-$，$CF_3CO_2^-$，$CF_3SO_3^-$，$(CF_3SO_2)_2N^-$，NO_3^-，$AlCl_4^-$，…

图6-2 常见的离子液体

非对称双烷基咪唑盐是目前研究最为广泛的离子液体，可以通过N-烷基咪唑与卤代烷进行季铵化反应方便地制备。本实验由N-甲基咪唑与氯代正丁烷反应，制备N-甲基-N'-丁基氯化咪唑盐离子液体[BMIm]$^+$Cl$^-$。

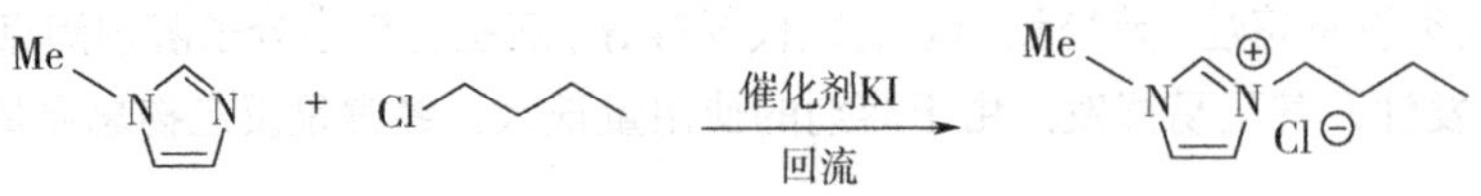

离子液体[BMIm]⁺Cl⁻与极性的 *N*-甲基咪唑互溶，而与非极性的氯代正丁烷难溶。因此，反应时氯代正丁烷过量，反应完全后分层，通过简单倾倒分出过量的氯代正丁烷，少量残留可以通过蒸馏除尽。由于氯代正丁烷活性较低，反应慢，加入少量 KI 作为催化剂，通过 Cl/I 交换，促进反应进行。离子液体属于低温熔盐，不能通过蒸馏纯化，但是可以在低温下通过重结晶纯化。

三、主要仪器和试剂

仪器：圆底烧瓶，回流冷凝管，电磁搅拌器，磁搅拌棒，加热浴，冰水浴，砂芯漏斗。

试剂：*N*-甲基咪唑，碘化钾，氯代正丁烷，乙酸乙酯，甲苯。

四、实验步骤

① 向 100mL 圆底烧瓶中加入 16g *N*-甲基咪唑、0.8g 碘化钾和 40mL 氯代正丁烷。装上回流冷凝管，加入磁搅拌棒，置于加热浴并固定在电磁搅拌器上。

② 开启搅拌，接通冷凝水，加热回流反应。当出现分层时，加快搅拌速度，以充分混合。

③ 当下层液体不再明显增加时，用 TLC 分析，用二氯甲烷-甲醇（10:1）展开，碘缸显色，检测是否还有 *N*-甲基咪唑存在。

④ 当基本检测不到 *N*-甲基咪唑时，停止加热，冷却至室温。倾倒出上层液体回收氯代正丁烷。

⑤ 残余物用最少量乙酸乙酯溶解，搅拌下慢慢加甲苯至有晶体析出或分层，置于冰水中，搅拌结晶。

⑥ 用砂芯漏斗快速抽滤，滤饼用甲苯冲洗，快速收集滤饼，置于干燥器中。取样，测定核磁共振氢谱，称重，计算收率。

五、注意事项

1. *N*-甲基-*N*-丁基氯化咪唑盐熔点不高（70℃），有杂质会进一步降低，且易吸水，因此要快速抽滤，否则会液化。

2. 如果产物已经吸水，可以加入甲苯，用旋转蒸发仪蒸馏除水。

六、思考题

1. 咪唑盐离子液体能否通过减压蒸馏纯化？

2. 哪种类型的化合物易溶解在离子液体中？

实验48 水中合成2,6-二甲基-5-烯基-3-庚醇

一、实验目的

1. 学习水相中进行烯丙基化反应；

2. 了解减少使用有机溶剂的方法；

3. 了解水作为绿色溶剂的特点和意义。

二、实验原理

水是真正环境友好的溶剂，如能作为替代有机溶剂的反应介质广泛使用将是十分有益的。

受水的物理性质的限制，以水为介质进行有机反应还没有得到广泛使用，但是水相有机合成已经成为精细化工绿色技术研究和开发的一个前沿领域。除了环境友好，水作为反应介质还有很多优点，例如成本低且安全。大部分有机溶剂不仅价格昂贵，而且易燃易爆或有毒有害，甚至两者都有。而使用水则可以完全消除这些问题。此外，水相反应操作简单，甚至有些反应的效率在水中比有机溶剂中更高。例如，糖等大极性的物质更易溶于水，而不是有机溶剂。但是由于大部分有机物在水中溶解度不佳，因此在纯水中进行有机合成受到严重限制，这时采用相转移催化或仅使用少量有机溶剂助溶就成为更实际的方案。

金属有机试剂参与的碳碳键形成反应是有机合成中最重要的化学反应之一，格氏反应是其中的典型代表。但是格氏试剂等活泼金属有机试剂对水和空气敏感，因此在反应过程中必须保证体系是无水无氧的，增加了操作难度。也有一些金属有机试剂对水和空气有一定的耐受性，例如 Reformastky 反应，经过有机锌中间体，但是对水和空气能耐受。

本实验学习一个用原位形成的烯丙基锌试剂进行类似于格氏反应的碳碳键形成反应技术，可以在饱和氯化铵水溶液中进行，仅需少量的四氢呋喃作为助溶剂。在反应过程中，金属锌插入烯丙基卤代烃（1-氯-3-甲基-2-丁烯）中形成碳锌键，并与异丁醛的羰基进行加成反应，最后水解产生 2,6-二甲基-5-烯基-3-庚醇。

三、主要仪器和试剂

仪器：三口烧瓶，圆底烧瓶，梨形烧瓶，恒压滴液漏斗，电磁搅拌器，磁搅拌棒，分液漏斗，漏斗，旋转蒸发仪。

试剂：1-氯-3-甲基-2-丁烯，异丁醛，锌粉，氯化铵饱和水溶液，四氢呋喃，乙酸乙酯，无水硫酸钠。

四、实验步骤

① 取 100mL 三口烧瓶，中间口接恒压滴液漏斗，加入磁搅拌棒，固定在电磁搅拌器上。往三口烧瓶内加入 3.12g 锌粉和 40mL 氯化铵饱和水溶液。开启电磁搅拌器，快速搅拌。

② 称取 2.90g 异丁醛加入 25mL 圆底烧瓶中，加入 4mL 四氢呋喃，混合均匀，并转移到恒压滴液漏斗，然后滴加到三口烧瓶中。

③ 另取 5.60mL 1-氯-3-甲基-2-丁烯加入恒压滴液漏斗中，将其缓慢滴加到快速搅拌的混合反应液中。观察反应的发生，控制加料速度不要太快，加料完毕后继续搅拌 1h，锌粉应基本消失。

④ 向反应液中加入 10mL 乙酸乙酯，搅拌，5min 后停止搅拌。

⑤ 用漏斗过滤除掉过量的锌粉及反应中产生的沉淀。用 10mL 乙酸乙酯冲洗滤饼。

⑥ 把滤液转入分液漏斗，分出有机相。水相再用 10mL 乙酸乙酯萃取。合并有机相，转移到 100mL 圆底烧瓶中，用 3.0g 无水硫酸钠干燥 30min，其间可以摇晃或搅拌，以加快干燥过程。

⑦ 过滤除盐，将滤液转移到 100mL 梨形烧瓶中，用旋转蒸发仪除去溶剂，得产品，称重，计算产率。

五、注意事项

1. 锌粉遇到酸会产生氢气，反应后的锌粉被活化，注意过量锌粉不要与酸接触。
2. 反应属于异相过程，需要快速搅拌以保证混合效果，否则反应慢。

六、思考题

1. 该反应的主要副反应是什么?
2. 假如用苯甲醛代替异丁醛来进行该反应，请画出反应产物的结构。
3. 为什么需要氯化铵饱和溶液? 用纯水是否可以?

实验49 相转移催化水相氧化制备己二酸

一、实验目的

1. 了解双氧水作为绿色氧化剂的特点;
2. 了解相转移催化技术的特点;
3. 巩固水相合成技术。

二、实验原理

与均相催化中催化剂与反应体系处于同一物相以及异相催化中催化剂与反应体系处于不同物相都有所不同，相转移催化的催化剂在反应体系中的两个及以上互不相容的物相体系之间来回穿梭，转运反应物，从而使处于不同物相的反应物分子能够接触，进而发生反应。最常见的相转移催化应用场景是水/有机两相体系。

$$Q^+X^- \quad + \quad R{-}Y \quad \longrightarrow \quad R{-}X \quad + \quad Q^+Y^-$$

$$A相$$

$$\text{-----------------------------}$$

$$B相$$

$$Q^+X^- \quad + \quad Y^- \quad \longrightarrow \quad X^- \quad + \quad Q^+Y^-$$

1,6-己二酸是一种重要的化工原料，是尼龙66的单体。全世界每年工业生产的1,6-己二酸约为220万吨，一般通过环己醇或环己酮的硝酸氧化得到。在实验室中，通过高锰酸钾或重铬酸氧化环己醇，可以小规模制备1,6-己二酸。但是这些氧化剂都会造成一定的环境问题。在用硝酸生产1,6-己二酸的反应中，副产物 N_2O 是会导致全球变暖、臭氧损耗以及酸雨和光化学烟雾等环境问题的物质。据估计，每年因生产1,6-己二酸而排放的 N_2O 约为40万吨。实验室制备1,6-己二酸所使用的高锰酸钾或重铬酸等金属氧化剂副产物不易处理，也会产生环境污染。

随着公众环保意识日益增强，在有机合成工艺设计中对环境的考虑也越来越重要。双氧水（H_2O_2）是一种清洁氧化剂，副产物是水。在少量钨酸钠（Na_2WO_4）和甲基三辛基氯化铵（Aliquat 336）的催化作用下，以30%的 H_2O_2 水溶液氧化环己烯可制得1,6-己二酸。

在反应中，H_2O_2 作为主要氧化剂取代了对环境有害的硝酸。其他两种试剂，钨酸钠和 Aliquat 336，仅需少量用作催化剂，因此化学废物处理和环境问题被保持在最低限度。此外，这两种催化剂在反应中并不消耗，可以循环使用。

三、主要仪器和试剂

仪器：圆底烧瓶，电磁搅拌器，磁搅拌棒，回流冷凝管，干燥管，油浴，布氏漏斗。

试剂：钨酸钠二水合物，甲基三辛基氯化铵（Aliquat 336），过氧化氢溶液，硫酸氢钾，环己烯，氯化钙。

四、实验步骤

① 将 50mL 圆底烧瓶固定在电磁搅拌器上，放入磁搅拌棒，然后依次加入钨酸钠二水合物（0.80g）、甲基三辛基氯化铵（0.80g）、30%过氧化氢溶液（10.8mL）和硫酸氢钾（0.60g）；开始搅拌，再加入 2.5mL 的环己烯。

② 在圆底烧瓶上安装一个回流冷凝管，并在顶部接一个装有氯化钙的干燥管，以最大限度地减少气味逸出。

③ 将圆底烧瓶置于油浴中，快速搅拌加热回流 30min。其间，通过停止搅拌并观察反应混合物是否仍然是两层来确定反应是否结束。如果反应完成，即全部环己烯转化为水溶性 1,6-己二酸，则只剩下水层。

④ 将圆底烧瓶在冰水浴中冷却，使产品结晶，保持 10min 以确保结晶完全。

⑤ 用布氏漏斗抽滤混合物，用少量冷水清洗固体产品，抽干几分钟，称量，计算收率。

⑥ 将含有催化剂和过氧化氢的废水按规定回收在指定容器中。

五、注意事项

1. 30% H_2O_2 水溶液腐蚀性强，能灼伤皮肤，会在皮肤上造成严重的接触烧伤，必须戴防护手套，千万不要用裸露的皮肤接触它。

2. 加热时应充分搅拌反应混合物，反应的效率取决于有机层和水层能否有效地混合。

3. 反应可能有一些难闻的气味，应该在通风良好的通风橱中进行。

六、思考题

1. 如果不加相转移催化剂反应会进行吗？

2. 氧化断裂烯烃还有哪些方法？

3. 催化剂如何回收？

实验50 水/有机两相界面上辣椒碱类似物的合成

一、实验目的

1. 学习辣椒碱类似物的合成；

2. 学习水/有机两相界面反应；

3. 了解刺激性物质的防护。

二、实验原理

辣椒碱是从辣椒中提取的天然活性物质，用途广泛，其核心结构是香兰胺的脂肪酸酰胺。脂肪酰氯与香兰胺反应形成酰胺是辣椒碱制备最简单的工艺。在有机碱存在下，胺与酰氯反应形成酰胺是一个剧烈的放热过程，需要高效搅拌和冷却以控制反应温度；而反应的副产物盐在低温下对有机溶剂的溶解度小，增加了体系的搅拌难度。另外，对于香兰胺等一些不稳定的胺，只能以铵盐的形式储存；由于在有机溶剂中溶解度低，需要在中和后才能使用。这些要求都给合成操作增加了困难。如果采用水作为溶剂，无论原料铵盐还是反应副产物盐都可以溶解形成水溶液，不仅易于搅拌，而且水的比热容大，会有效地吸收反应热，方便控制反应温度。

本实验以香兰胺盐酸盐与硬脂酰氯在碳酸氢钠作为碱的水/有机两相体系中通过界面反应制备辣椒碱类似物。

三、主要仪器和试剂

仪器：三口烧瓶，电磁搅拌器，磁搅拌棒，恒压滴液漏斗，分液漏斗，旋转蒸发仪。

试剂：香兰胺盐酸盐，硬脂酰氯，二氯甲烷，碳酸氢钠，稀盐酸，无水硫酸钠。

四、实验步骤

① 取 250mL 三口烧瓶，固定在电磁搅拌器上，依次加入 50mL 二氯甲烷、30mL 水、4.2g 碳酸氢钠、5g 香兰胺盐酸盐和磁搅拌棒。三口烧瓶中间口装上恒压滴液漏斗，一侧口装温度计，另一侧口用玻璃塞塞上。

② 称取 8g 硬脂酰氯，溶解于 20mL 二氯甲烷，并转移到恒压滴液漏斗中。开动搅拌，缓慢滴加硬脂酰氯溶液。反应放热，控制滴加速度，保持温度在 35℃以下，滴加完毕后再剧烈搅拌 1h。

③ 停止搅拌，戴薄膜手套，将反应液转移至分液漏斗，分出有机层。水层用二氯甲烷洗涤（10mL×3），合并有机层，依次用 20mL 1%稀盐酸和水洗涤，无水硫酸钠干燥 30min。

④ 过滤除去干燥剂，滤液用旋转蒸发仪除去溶剂，得固体产物，称重，测熔点，计算收率。

五、注意事项

1. 辣椒碱具有强烈的刺激性，处理产物要戴手套，并注意不要接触皮肤，特别是脸部。
2. 如果反应液出现乳化，加入氯化钠，轻微搅拌使盐溶解，静置。

六、思考题

1. 酰氯遇水会水解，为什么本实验基本不受该副反应影响？
2. 如果在纯二氯甲烷中反应，是否可以使用碳酸氢钠作为碱？

6.3 微波反应技术

传统反应容器加热一般是从外壁向内部传热，内部温度通常明显低于外部温度，这导致反应容器内的温度梯度不易控制。搅拌能加快传热，但是达到热平衡仍然需要一定的时间。在微波加热中，微波直接与分子偶合，反应容器通常不吸收微波，外壁不会被直接加热，因此这能够将外壁对反应体系的影响降至最低。虽然微波的范围很大（1～100GHz，300～3mm），但传统微波优先使用2.450GHz的频率，因为它对于大多数物质都有着较好的穿透性，而且也比较容易产生。必须指出，与光不同，微波因能量太低（3～10kJ/mol）而不能用于打破化学键（300～500kJ/mol）。

为了使分子在受到微波照射时能够产生热量，必须有一个与振荡场对齐的永久偶极子。偶极子的排列会导致旋转，使得分子之间发生摩擦，最终转化为热。离子传导是基于溶解的带电粒子在微波辐射的影响下来回振荡，以及与其他分子或原子的碰撞产生热量。由于气体分子之间的距离太大，分子间碰撞很少，因此气体很难被微波加热。由于偶极子被束缚在晶体中，使得固体的分子旋转会受到阻碍，不能像在液体中那样自由移动，因此需要添加导热材料作为传热介质以实现固体微波加热。

微波反应可以在开放式容器或密闭容器中进行。但开放式容器的微波加热无法有效提升反应速率，这是因为与传统加热回流相似，溶剂的沸点是反应温度的上限。在密闭容器中，当溶剂加热到沸点以上，蒸气压会迅速上升。例如，乙醇的正常沸点为78℃，但在180℃时达到近20atm的压力，因此密闭容器可以达到高温高压，微波加热才能有效加速反应。

使用家用微波炉进行微波合成，虽然有些反应看似运行良好，但经常观察到过热现象，导致混合物出现热分解（烧焦）情况。有时甚至会因为反应混合物的局部过热导致着火。这是因为家用微波炉是多模系统，微波炉中的温度在不同部分会有很大的不同。此外，当物体放置在微波中，驻波形态会改变，导致控制大量样品的反应条件变得更加困难。再者，虽然家用微波炉在一定程度上允许控制功率输出，但由于缺乏温度监控功能，无法输入特定的温度。出于安全原因，使用家用微波炉一般不能用溶剂，样品中的升温速度和热分布差别会很大，更难控制温度。

专用微波反应器一般带有压力传感器，可提供高达20atm的即时压力反馈，有些还配备了摄像机，实验人员可以观察到反应过程（如颜色变化、熔化、溶解和沉淀），同时反应也可以搅拌进行。有些带有软件可以监控几个参数，如压力、温度和加热输入等。如果观察到过热或过压，系统的安全功能会关闭运行。但是专用微波反应器一般价格昂贵。

实验51　苯甲酸正己酯的活性炭催化微波合成

一、实验目的

1. 了解微波合成的特点；
2. 学习微波合成技术；
3. 学习活性炭负载催化。

二、实验原理

酯类化合物是一类重要的溶剂，也是重要的化工基础原料，它还是食品、饮料、酿造行业的主要添加剂，而且也是重要的香精香料组分。酯类化合物通常通过羧酸在催化量的矿物酸或有机酸存在的情况下与醇反应制备。酸与醇的酯化反应的平衡常数较小，因而一般需要使一个试剂过量或把产物（或副产物）移走才能使反应趋于完成。通常所用的酸，如浓硫酸，腐蚀性强，反应时间长，使用后需要处置产生的废酸，不利于环境保护。而使用弱的有机酸或者不溶性的固体酸，在常规加热条件下反应效果较差。本实验采用微波加热，以负载于活性炭的对甲苯磺酸为催化剂，由苯甲酸和正己醇反应合成苯甲酸正己酯。

三、主要仪器和试剂

仪器：圆底烧瓶，锥形瓶，电磁搅拌器，磁搅拌棒，微波炉，烘箱，旋转蒸发仪，玻璃漏斗，分液漏斗，滴管，隔热手套（纱布），砂芯漏斗。

试剂：正己醇，苯甲酸，活性炭，对甲苯磺酸，二氯甲烷，碳酸氢钠，无水硫酸钠，色谱硅胶。

四、实验步骤

1. 催化剂制备

① 称取 2.5g 活性炭放入一表面皿上，在 120℃烘箱里活化过夜。

② 关闭烘箱电源，冷却至室温，得活化的活性炭。

③ 取 50mL 圆底烧瓶，固定在电磁搅拌器上，加入磁搅拌棒。往圆底烧瓶内加入 2.0g 对甲苯磺酸和 8.0mL 去离子水溶解。再加入上述活化过的活性炭 2g，搅拌 1h。

④ 取下圆底烧瓶，取出磁搅拌棒。用旋转蒸发仪将水全部蒸干，再把催化剂转移到干燥器中保存备用。

2. 苯甲酸正己酯的合成

① 取 50mL 锥形瓶，固定在电磁搅拌器上，加入磁搅拌棒。往锥形瓶内加入 0.49g 苯甲酸和 2.0g 上述干燥催化剂，再加 1.22g 正己醇。开启搅拌混合 5min，让反应物混合均匀。

② 取出磁搅拌棒，在锥形瓶上放一表面皿盖住口，把锥形瓶放到家用微波炉中，用高功率加热反应混合物约 35s。戴上纱手套小心地把锥形瓶从微波炉中取出（注意：锥形瓶会很热!），冷却至室温。

③ 往锥形瓶内加入 10mL 二氯甲烷，放到电磁搅拌器上搅拌 15min。用漏斗过滤，再用 5mL 二氯甲烷洗涤滤饼。滤液转移到一个 60mL 分液漏斗中，用 10mL 5%碳酸氢钠水溶液洗三次，再用 10mL 去离子水洗涤。

④ 将有机层转移到 50mL 圆底烧瓶中，加入 2.0g 无水硫酸钠干燥 30min。用铺有薄层硅胶的砂芯漏斗将上述干燥后的混合液过滤。

⑤ 滤液用旋转蒸发仪除去溶剂，得产品，称重，计算产率。

五、注意事项

1. 在反应瓶放入微波炉加热之前，要取出磁搅拌棒。
2. 微波炉加热时间不能太长，以防活性炭燃烧。

六、思考题

1. 实验中用碳酸氢钠水溶液洗涤的目的是什么？
2. 如果使用酸和醇的比例为 1:1，对反应的产率有何影响？如果用过量的酸而不是过量的醇，反应的结果如何？

6.4 力化学技术

力化学主要是研究力作为能量输入形式促进的化学相关过程的化学分支，与热化学、光化学和电化学一样历史悠久。相较于传统条件下的化学过程，力化学反应拥有以下特点：①可实现更绿色的无（微量）溶剂反应；②反应时间缩短；③反应选择性和活性改变，生成力化学条件下的特定产物。在这些特点中，最显著的一点是反应可在无溶剂条件下进行，不仅减少溶剂的使用，而且能显著提高浓度，对浓度效应大的反应可以提高反应速率，符合绿色化学对反应的清洁、安全以及减少溶剂使用的要求。常见的力化学形式有三种：机械研磨、螺杆挤出和超声化学。

（1）机械研磨

最简单的力化学设备是碾钵和杵，但是需要手动操作，一般只能用于简单的短时间混合或反应。现代自动化的力化学设备主要是振荡球磨机和行星球磨机（图 6-3）。尽管传统上这些设备主要用于粉碎固体，制备粉体材料，但现在它们已广泛用于实验室无溶剂绿色化学合成。

图6-3　常见的实验室力化学设备

（2）螺杆挤出

与间歇碾磨相比，螺杆挤出则是可以连续进行、易于控温和增压的机械力化学设备，有单螺杆和双螺杆挤出两种。传统上，螺杆挤出主要用于塑料等聚合物加工成型。通过外部动力传递和加热元件的传热进行物料输送、挤压、熔融、混炼和挤出成型。而在用作合成反应器时仅需要输送、加热或加力和挤出三个功能（图 6-4）。

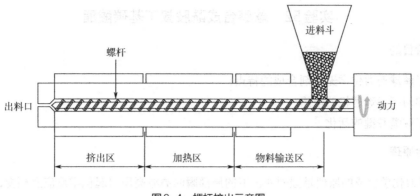

图6-4 螺杆挤出示意图

单螺杆挤出依靠一个螺杆通过带有螺旋道的机桶完成以上过程。为了提供足够的压力，螺杆上螺纹的深度从进料端到出料端逐渐下降。物料输送主要依靠物料和桶壁之间的相互作用，正向输送力较小，物料停留时间长。加热主要靠机筒外热源，加力则是通过物料与机筒、螺杆的摩擦力及熔体剪切力来实现的。双螺杆挤出的物料输送除了单螺杆挤出的与桶壁之间的相互作用外，还包括两根螺杆之间的强制正向位移。由于两根螺杆可以有同向或反向、啮合或非啮合等组合，因此双螺杆挤出的形式更加多样，适用于多种不同特性聚合物的加工。但是作为反应器则区别不大，其中非啮合反向旋转的双螺杆挤出较单螺杆增加了螺杆之间的物料交换，正向输送特性也较低，物料混合更充分，停留时间更长，因此更适合速度较慢的反应。

机械力反应主要发生在表面/界面上，与摩擦和机械冲击过程息息相关，因此力化学的早期研究与应用主要集中于无机材料等硬物质领域。近年来的研究发现，机械力化学在有机分子等软物质组成的体系中同样显示出与传统热化学不同的特点并得到快速发展。

（3）超声化学

除了机械力，力化学还包括超声化学。到目前为止，对超声波能产生化学效应的原因仍然不是十分清楚。普遍流传的观点是在液体介质中微泡的形成和破裂伴随能量的释放（空化现象），所产生的瞬间内爆有强烈的振动波，可产生高达上千大气压的瞬时压力。这些能量可以用来打开化学键，促使反应进行，因此超声化学适用于溶液体系。目前实验室超声设备最广泛的应用是辅助清洗和粉碎（分散），但是作为化学反应促进手段正在得到快速发展。

商品超声化学反应器的主要类型有超声清洗槽式反应器、探头插入式反应器和杯式声变幅杆反应器等。超声清洗槽是一种价格便宜、应用普遍的超声设备，其结构比较简单，由一个不锈钢水槽和若干个固定在水槽底部的超声换能器所组成。将装有反应液体的玻璃瓶置于不锈钢水槽中就构成了超声清洗槽式反应器，其不足之处是能量损失严重。探头插入式反应器使用方便，将探头直接插入反应液中即可，且声能利用率大，功率连续可调，能在较大功率范围内寻找和确定最佳超声辐照条件。杯式声变幅杆反应器将超声波清洗槽反应器与功率可调的声变幅杆结合起来。反应器上部可以看成是温度可调的小水槽，装反应液体的锥形瓶置于其中，并接受自下而上的超声波辐射。其主要优点是定量和重复结果较好，反应液中的辐照声强可调，温度可控。

实验52 球磨合成酰胺叔丁基碳酸酯

一、实验目的

1. 了解球磨力化学无溶剂合成的特点；
2. 学习行星球磨机的使用；
3. 了解酰胺键的活化。

二、实验原理

球磨力化学合成的原理是强烈冲击下的局部瞬时高温高压引起化学反应及相变，以及高效固相混合扩散（比表面积）、高浓度（少溶剂）及热效应（图6-5）。球磨力化学合成的一个显著特点是高效的固体混合可以显著减少甚至避免溶剂的使用，不仅减少废物排放，还可以提高反应物浓度，加快反应。

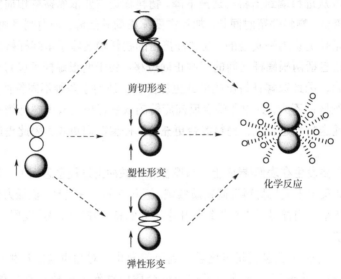

剪切形变

塑性形变

弹性形变

化学反应

图6-5　球磨力化学合成的原理

酰胺是有机化合物中最常见的官能团之一，是构成生物体内蛋白质的核心单元，并广泛存在于其他天然产物与精细化学品中。酰胺结构中氮原子的孤对电子与羰基之间存在 $n_N \rightarrow \pi^*_{C=O}$ 强共轭作用导致 C_{acyl}—N 键的高键能，酰胺比其他羧酸衍生物的活性低很多。当酰胺转化成酰亚胺时，原来的 C_{acyl}—N 被活化，则可以参与各种转换。本实验利用行星球磨机进行苯甲酰胺与二碳酸二叔丁酯在4-二甲氨基吡啶催化下的无溶剂反应形成酰亚胺，实现高效的酰胺键活化反应，并与传统溶剂条件对照，展示球磨力化学的优点。

$$\text{Ph} \overset{\displaystyle O}{\underset{}{\|}}\!\!-\!NH_2 \ + \ (Boc)_2O \ \xrightarrow[\text{，600r/min}]{\text{催化剂DMAP}} \ \text{Ph}-\overset{\displaystyle O}{\underset{}{\|}}-N\overset{Boc}{\underset{Boc}{\diagdown}}$$

三、主要仪器和试剂

仪器：圆底烧瓶，磁搅拌棒，电磁搅拌器，不锈钢球磨反应罐，直径 7.0 ~ 10mm 的不锈钢球，行星球磨机，分液漏斗，玻璃漏斗，旋转蒸发仪。

试剂：苯甲酰胺，二碳酸二叔丁酯 [(Boc)₂O]，4-二甲氨基吡啶（DMAP），二氯甲烷，2%稀盐酸，饱和氯化钠溶液，无水硫酸钠。

四、实验步骤

① 称取 0.12g 苯甲酰胺、0.55g 二碳酸二叔丁酯和 6mg 4-二甲氨基吡啶，2 份。

② 一份反应物加入 50mL 圆底烧瓶，再加入 10mL 二氯甲烷，一个磁搅拌棒，固定在电磁搅拌器上，开动搅拌，室温反应。

③ 另外一份反应物加入一个 50mL 不锈钢球磨反应罐，在反应罐中加入 10 个直径 7.0 ~ 10mm 的不锈钢球，称重。

④ 另取一个 50mL 不锈钢球磨反应罐，加入不锈钢球，至质量与③罐相差 2g 以内。

⑤ 将两个等重的不锈钢球磨反应罐对角线装入行星球磨机，用紧固螺栓固定锁紧后，盖上外罩，在 400r/min 下球磨。

⑥ 每 60min 后，停止 10min，打开行星球磨机取样，与②溶液反应样一起进行 TLC 分析（展开剂：石油醚-乙酸乙酯，3∶1，紫外显色）。观察两者进程有无区别，记录。

⑦ 当球磨反应完成后，用二氯甲烷（3×10 mL）将反应物由不锈钢球磨反应罐转移至分液漏斗。依次用 5mL 2%稀盐酸、饱和氯化钠溶液洗涤，分出有机层，无水硫酸钠干燥。

⑧ 过滤除去干燥剂，滤液用旋转蒸发仪除去溶剂，得产物，称重，计算产率。

⑨ 清洗不锈钢球磨反应罐，放在烘箱中干燥。

五、注意事项

1. 不锈钢球磨反应罐在装入行星球磨机之前一定要称重，确保质量基本相等，对角线放置。

2. 罐体固定适中，不能太松。如果启动后球磨过程中突然声音变大，应立即关闭行星球磨机，检测紧固螺栓是否有松动、罐体是否倾斜等，确保固定后再开启。

六、思考题

1. 球磨反应速率快的主要原因是什么？

2. 是否观察到单 Boc 中间体？如有，在哪个体系中能观察到？

实验53　螺杆反应挤出合成金属有机框架配合物材料

一、实验目的

1. 学习螺杆挤出合成金属有机框架（MOF）配合物材料；

2. 了解螺杆反应挤出的特点；

3. 了解金属有机框架（MOF）配合物材料；

4. 学习 X 射线衍射分析鉴定无机粉末材料。

二、实验原理

金属有机框架材料（metal organic frameworks, MOF），是由无机金属中心（金属离子或金属簇）与有机配体通过配位自组装相互连接形成的一类具有周期性网络结构的晶态多孔配位聚合物。MOF 既不同于无机多孔材料，也不同于一般的有机聚合物，而是兼有无机材料的刚性和有机材料的柔性特征，以及高孔隙率、低密度、大比表面积、孔道规则可调以及结构多样和可裁剪等特点。组成 MOF 的两个单元——有机配体和金属节点，都可以有多种设计和选择，特别是有机配体部分，几乎是无限的。内表面积是衡量多孔材料内部空间的重要性能参数。MOF 拥有远大于传统多孔材料（活性炭、沸石等）的内表面积，已经报道的 MOF 内表面积最高纪录为 $7000m^2/g$，即 1g 材料的内表面积约等于一个标准足球场的面积。金属有机框架材料（MOF）近年来发展迅速，在催化、储能、分离、化学感应和药物输送等领域都显示了广阔的应用前景。

本实验通过使用微型螺杆挤出机从氢氧化铜与均三苯甲酸反应连续合成由香港科技大学化学家首先报道的一类多功能 MOF 材料 $Cu_3(BTC)_2$（HKUST-1）。

三、主要仪器和试剂

仪器：烧杯，微型螺杆挤出机，1L 大塑料烧杯，机械搅拌器，布氏漏斗，烘箱。

试剂：氢氧化铜，均三苯甲酸，甲醇，无水乙醇。

四、实验步骤

① 在 250mL 烧杯中加入 42g 氢氧化铜、58g 均三苯甲酸和 60mL 甲醇，搅拌混合均匀。

② 将混合物倒入微型螺杆挤出机进料斗。进料速度设定为 10g/min，转速 125r/min，开动微型螺杆挤出机，将物料挤出，收集在 1L 大塑料烧杯中，得到蓝绿色粉末。

③ 将收集的挤出物重新加入进料斗，再次挤出。

④ 取约一半挤出物料于 1L 大塑料烧杯中，加入 500mL 无水乙醇，机械搅拌 10min，布氏漏斗过滤，抽干滤饼。重复洗涤一次，过滤，抽干，收集滤饼，得蓝绿色粉末。

⑤ 将乙醇洗涤过的蓝绿色粉末在烘箱中烘干（150℃），观察颜色变化，直至转变为深紫色固体。

⑥ 分别取浅蓝色和烘干的深紫色样品，送样进行 XRD 分析，与文献报道的标准品对照。

五、注意事项

1. 进料前物料要尽量混合均匀。

2. 物料停留时间与螺杆长度和转速密切相关，如果挤出物颜色不均匀，可以重复挤出。

六、思考题

1. 与球磨或手动研磨相比，反应挤出的特点是什么？

2. 反应挤出为什么比成型挤出的要求简单？

实验 54　苯甲酸的超声合成

一、实验目的

1. 了解超声化学的原理与特点；
2. 验证超声金属表面活化；
3. 掌握碱溶酸析的纯化方法。

二、实验原理

从 20 世纪 20 年代研究人员首次观察到超声可以加速化学转化的现象起，超声波在化学过程中的应用越来越广泛。其中涉及金属的超声处理特别有用，主要是由于穿过液体的超声波会导致气泡形成，随后气泡破裂并产生强大的高能冲击波，可以"清洁"金属表面或分散金属颗粒。例如超声处理可在格氏试剂的制备过程中从镁金属表面上清除氧化物膜，从而为镁和有机卤化物之间的反应提供新鲜的金属表面。甚至利用超声作用使金属表面的液体汽化、局部排除空气并使格氏反应在不需氮气保护下进行。本实验在空气中利用超声活化金属镁，与溴苯在乙醚中反应形成格氏试剂并与二氧化碳加成，水解后生成苯甲酸，以验证超声合成的独特性。

三、主要仪器和试剂

仪器：大试管，棉球，超声波清洗槽，烧杯，表面皿，分液漏斗，水浴，布氏漏斗，锥形瓶，真空干燥器。

试剂：镁屑，乙醚，溴苯，单质碘，干冰，6mol/L 盐酸，甲基叔丁基醚（MTBE），5%NaOH 水溶液。

四、实验步骤

① 在一个大试管中加入 0.5g 镁屑、10mL 乙醚、1.5g 溴苯。在试管的开口端松散地放置一个棉球，但不要把棉球塞进试管里。棉球的作用是最大限度地减少反应体系与空气中水和氧气的接触，并帮助吸收反应过程中可能蒸发的乙醚。

② 将试管放在超声波清洗槽中，开启超声引发反应。当溶液开始变为浑浊的灰色、白色或褐色时，表示反应已经开始。由于反应放热，乙醚会自发沸腾。若反应放热过于剧烈，则移出水浴。若反应无法开始，向试管中加入少许单质碘引发反应。

③ 持续监测试管中的反应。观察反应过程中发生的任何变化，并做好记录。

④ 当格氏反应开始减慢时，将约 10g 粉碎的干冰放入 150mL 的烧杯中，用表面皿盖住烧杯。二氧化碳过量，不会影响苯甲酸产品产率的计算。

⑤ 当大部分镁已经发生反应，即乙醚沸腾平息时，迅速将试管中的反应液倒入装有干冰的烧杯中。在试管中加入几毫升乙醚，冲洗，并加入烧杯中。用表面皿盖住烧杯，直到干冰消失。

⑥ 向烧杯中缓慢加入约 20mL 的 6mol/L 盐酸来水解反应产物，用玻璃棒搅拌混合物，如果有过量的镁存在，会与盐酸反应放出氢气。

⑦ 向烧杯中加入约 30mL 甲基叔丁基醚（MTBE）并搅拌混合物，等待液体分层，可观察到明显的两相。

⑧ 如果存在镁以外的固体，用少量 MTBE 溶解；如果固体还没有溶解，再滴加少量盐酸，搅拌，直至 pH=1~2。

⑨ 将烧杯中的混合物倒入 125mL 的分液漏斗中。将水层与醚层分离，水层倒入有标签的盛废液烧杯中。在分离出产品之前，不要丢弃烧杯内的液体。醚层用蒸馏水（3×5mL）洗涤，水层合并在废液烧杯中。

⑩ 向分液漏斗的有机相（醚层）中加入 5mL 5%的 NaOH 水溶液，进行反萃。将水层倒入清洁干燥的 150mL 贴有标签的烧杯中。重复萃取两次，将碱水层合并。

⑪ 将有机层倒入单独的废物容器中，但在分离出产品之前，不要丢弃。

⑫ 将含有苯甲酸盐的混合碱水萃溶液（15mL）放在水浴中加热约 10min，温度为 55~60℃，以去除残留的醚，然后让溶液冷却到室温。

⑬ 加入 10mL 6mol/L 盐酸，搅拌，烧杯里会形成沉淀。在冰水浴中冷却，用布氏漏斗抽滤，冷蒸馏水清洗滤纸上的固体。

⑭ 小心地将固体转移到 50mL 的锥形瓶中，加入约 15mL 蒸馏水，加热到 80℃，搅拌直到所有固体溶解。让溶液慢慢冷却至室温，析出晶体。用布氏漏斗抽滤，用 5mL 冷蒸馏水清洗晶体，真空干燥，称重，计算产率。

五、注意事项

1. 乙醚极易挥发，易燃。在实验期间，实验室中不得存在任何火焰或火花源。

2. 乙醚和甲基叔丁基醚都是低沸点的挥发溶剂，萃取时，堵住分液漏斗，小心地倒置分液漏斗，并通过旋塞排气。

六、思考题

1. 在超声条件下，为什么可以在空气中制备格氏试剂？
2. 乙醚安全性低，为什么仍然使用？如果用四氢呋喃作溶剂替代乙醚会怎么样？
3. 分出粗产品之前，为什么水层和醚层都要暂时保留？

6.5 可再生资源利用

精细化工的基础化学品主要是煤和石油的化工衍生品，被认为是不可再生资源。随着社会经济发展和人口增长，能源消耗速度加快，煤和石油枯竭似乎不可避免。相反，农业产品特别是农副产品，例如糖、纤维素甚至秸秆等，则属于可再生资源。如果能以合理成本转化成精细化学品，将是社会经济可持续发展的重要保障之一，意义十分重大，也是绿色化学化工的主要原则之一。

实验55　由糠醇制备乙酰丙酸

一、实验目的

1. 学习酸催化糠醇合成乙酰丙酸;
2. 了解生物质转化的意义;
3. 熟悉有机化合物的波谱鉴定。

二、实验原理

乙酰丙酸是一种同时含羰基、α-H 和羧基的多官能团化合物,是合成多种精细化工产品的重要中间体,因此也被称为平台化合物。更重要的是乙酰丙酸可以从植物纤维等可再生资源转化而来,符合绿色可持续化学化工的要求。

糠醛可由农作物废料,如玉米芯、蔗糖渣、棉籽壳、向日葵杆、麦壳和稻壳中的戊糖裂解脱水制成,是重要的可再生化学品。糠醛经过过渡金属催化气相或液相加氢得到糠醇,也称呋喃甲醇,是用途广泛的精细化学品,主要用于生产呋喃树脂,也用于制备果酸、增塑剂、溶剂和火箭燃料等。另外,糠醇在染料、合成纤维、橡胶等农药制造领域也有广泛的用途。本实验以糠醇为原料,在酸催化下制备乙酰丙酸,反应机理如下。

首先,糠醇质子化脱水,正离子异构化;然后,水解开环、共轭加成和水合;最后,脱水形成乙酰丙酸,再生酸催化剂。

三、主要仪器和试剂

仪器:三口烧瓶,油浴,电磁搅拌器,磁搅拌棒,回流冷凝管,温度计,恒压滴液漏斗,减压蒸馏装置,真空泵。

试剂:丁酮,10%稀盐酸,糠醇。

四、实验步骤

① 取 500mL 三口烧瓶,置于油浴中,固定在电磁搅拌器上,加入磁搅拌棒,中间口装上回流冷凝管,侧口分别装上温度计和恒压滴液漏斗。

② 向三口烧瓶中加入 200mL 丁酮、120mL 10%的稀盐酸;并向恒压滴液漏斗中加入 30g 糠醇和 50mL 丁酮。

③ 开启冷凝水,开动搅拌,将反应液加热至 80℃后,在 3h 左右的时间内将糠醇溶液缓慢匀速滴加到三口烧瓶中。

④ 糠醇加完后撤去恒压滴液漏斗,将回流改成减压蒸馏装置。

⑤ 用水泵减压蒸馏，蒸出丁酮、水和盐酸。当没有水蒸出后，再改用油泵减压蒸馏，收集 90～92℃/2mmHg 馏分。

⑥ 当流出温度明显下降时，停止加热，待冷却至室温，打开放空活塞，关闭真空泵，撤除装置，称量产品，计算产率。

⑦ 取样，用核磁氢谱和红外光谱检测，分析产物的结构和纯度。

五、注意事项

1. 由于体系已经处于加热状态，减压蒸馏真空度应缓慢提高，以免冲料。
2. 水泵蒸馏要尽可能除尽水和盐酸。

六、思考题

1. 按照反应机理，是否可以不加质子酸而使用 Lewis 酸催化?
2. 如果以醇为溶剂，产物是什么?

实验56　发酵法制备乙醇

一、实验目的

1. 学习生物质燃料乙醇的制备;
2. 了解可再生能源的现状与意义;
3. 学习生物催化降解。

二、实验原理

生物乙醇是农产品经过生物化学工艺转化而成的燃料。相对于传统的不可再生的煤、石油以及天然气等矿物能源而言，生物乙醇属于可再生能源之一。另外，作为燃料的生物乙醇，可减少温室气体排放 90%，属于绿色产品。

按照使用的农产品原料不同，生物乙醇可分为生物质乙醇和纤维素乙醇两种，其中生物质乙醇是从玉米、大麦、小麦、甘蔗和甜菜等普通农作物发酵获得的。必须指出，对照绿色化学12 条原则，生物质乙醇虽然可以满足"最大限度地使用或产生无毒或低毒的物质""最大限度地利用资源"这几项原则要求，却无法避免使用与产生污染环境的物质，其产生的环境影响通过量的累积可能也会是沉重的负担。例如种植玉米等原材料需使用化肥和杀虫剂。根据世界自然保护联盟给出的数据，种植玉米所能提供的燃料能量低于玉米种植过程消耗的能量。有研究表明，生产玉米的能耗比它自身能提供的能量高 30%。另外，生产 1t 生物质乙醇需要 3.3t 玉米，在没有解决温饱问题的地区，用玉米作为生产生物质化学产品的原材料还面临着伦理道德的质疑。

纤维素乙醇似乎是解决这个矛盾的一个方向。纤维素乙醇来源于农作物秸秆，是农业副产，而不是粮食。一旦实现产业化，不仅可以解决与人争粮的问题，更可以变废为宝，而且在燃烧时产生的能量远远高于生产时耗费的能量。从绿色化学角度来说，显然纤维素乙醇要优于生物质乙醇，目前人们也已拥有用各种植物纤维生产乙醇的技术。但是目前纤维素乙醇的商业化生产还不能实现，主要原因是工艺成本高，生产出的乙醇在价格上没有竞争力。要解决这个问题就必须找到能将纤维素分解成糖分以及喜欢以糖为食的微生物以显著提高纤维素转变成乙醇的效率。

本实验采用蔗糖在酵母作用下制备乙醇。发酵在酿造和食品中的使用已有几千年的历史。酵母中含有 14 种酶，能把糖转化成二氧化碳和乙醇。在做面包时，发酵所产生的二氧化碳把面团发起来。在本实验中，这些酶把蔗糖通过一系列复杂的反应过程转化成乙醇。发酵是厌氧过程，需要在无氧的情况下进行。

$$\text{蔗糖} + H_2O \xrightarrow{\text{酵母}} 4CH_3CH_2OH + 4CO_2$$

三、主要仪器和试剂

仪器：单口烧瓶，三口烧瓶，具活塞接头，烧杯，维氏蒸馏柱，磁搅拌棒，电磁搅拌器，直形冷凝管，玻璃管，布氏漏斗，油浴，冷凝管，尾接管，氮气包。

试剂：蔗糖，酵母，磷酸氢二钠，饱和石灰水，硅胶。

四、实验步骤

1. 发酵

① 取 500mL 三口烧瓶，将其固定在电磁搅拌器上，加入磁搅拌棒。往三口烧瓶里加入 50mL 水和 4.0g 酵母，再加入 0.44g 磷酸氢二钠，开动搅拌。

② 取锥形瓶，加入 68.7g 蔗糖和 200mL 水，溶解后加入上述反应液中，混合均匀，停止搅拌。

③ 三口烧瓶一个口装上温度计，剩余两个口装上具活塞接头，其中一个接头连上玻璃管，并将玻璃管插入装有饱和石灰水的烧杯中，管口在石灰水面以下且距离超过 0.5cm，使气体放出，但不让外面的空气进入三口烧瓶，如图 6-6 所示。

④ 取氮气包，通过减压阀从氮气钢瓶往气包中充氮气，注意充气压力不要超过使用压力，以免把氮气包胀破。

图6-6　蔗糖发酵实验装置示意图

⑤ 具活塞接头与氮气包连接，用氮气流赶出三口烧瓶内空气，关闭活塞。

⑥ 把实验装置固定在桌面上，室温静置反应，注意观察，直至看不到气泡放出。

2. 蒸馏

① 在布氏漏斗中放一层硅胶，用水清洗并丢弃滤瓶中的清洗液。

② 慢慢把发酵的混合物倒在硅胶上抽滤。滤液中含有乙醇、水、酵母残余物和其他有机化合物。

③ 将滤液转移到 500mL 单口烧瓶中，固定在电磁搅拌器上，加入磁搅拌棒，置于油浴中。装上维氏蒸馏柱，搭好精馏装置。

④ 开启搅拌，接通冷却水，打开油浴加热电源。将反应液逐渐升温，开始有馏出物，调节油浴加热电压，以 1 滴/1~2s 的速度收集乙醇共沸液，当馏出物温度高于 80℃时停止蒸馏。

⑤ 撤去油浴加热，拆除精馏装置。取下馏出液，称重。

⑥ 在气相色谱仪上检测乙醇含量，计算产率。

五、注意事项

1. 发酵是厌氧过程，进行发酵时不要让空气进入反应体系。
2. 发酵过程室温不能很低。

六、思考题

1. 石灰水中形成的沉淀是什么？
2. 温度高低对发酵反应速率会有什么影响？

实验57 由果糖制备羟甲基呋喃甲醛

一、实验目的

1. 学习由果糖脱水制备羟甲基呋喃甲醛；
2. 验证低温熔盐（离子液体）作为溶剂的使用；
3. 巩固溶剂和催化剂等反应助剂的循环使用。

二、实验原理

羟甲基呋喃甲醛（HMF）可以通过单糖、二糖或多糖，如果糖、蔗糖，或纤维素等碳水化合物脱水合成。

羟甲基呋喃甲醛合成中的主要问题之一与其分离和纯化有关。由于 HMF 在高温下不稳定，因此不宜采用蒸馏方法纯化。另外，由于在水和有机相之间的分配系数较差，因此常规的提取方法效率不高。本实验的目的是通过使用非均相酸催化剂琥珀酸由果糖合成羟甲基呋喃甲醛，通过沉淀固化的离子液体反应介质四乙基溴化铵（TEAB）实现产物分离和纯化。此外，反应介质和催化剂可以回收，并直接循环使用。

三、主要仪器和试剂

仪器：圆底烧瓶，电磁搅拌器，磁搅拌棒，水浴，旋转蒸发仪，布氏漏斗。

试剂：四乙基溴化铵，果糖，琥珀酸，乙酸乙酯，无水乙醇，硅胶。

四、实验步骤

① 取 250mL 单口圆底烧瓶，加入磁搅拌棒，固定在电磁搅拌器上。然后依次加入 9.1g 四乙基溴化铵（含水量 < 1%）、1g 果糖、0.1g 琥珀酸和 0.9mL 水。

② 将反应混合物置于沸水浴中并搅拌 15min，反应混合物颜色从白色变为棕色。

③ 移开圆底烧瓶，取出磁搅拌棒，使用旋转蒸发仪除去水。反应混合物必须充分干燥，大量水的存在会导致结晶较少，从而形成淤浆而不是沉淀。

④ 用 50mL 的乙酸乙酯洗涤固体四乙基溴化铵，抽滤，收集滤液。然后将滤饼用 5 ~ 6mL 无水乙醇热溶解完全。

⑤ 在剧烈搅拌下将 300mL 乙酸乙酯加到热的乙醇溶液中，抽滤出生成的沉淀物四乙基溴化铵和催化剂。

⑥ 准备装有 10g 硅胶的砂芯漏斗，并将步骤④和步骤⑤的混合溶液过滤，以除尽残留的四乙基溴化铵。

⑦ 在旋转蒸发仪上除去溶剂，得到羟甲基呋喃甲醛，称重，计算产率。

五、注意事项

四乙基溴化铵易吸水，相关操作要注意保持干燥。

六、思考题

1. 实验中体现绿色化学理念的地方有哪些?

2. 查阅文献，了解 2,5-二羟甲基呋喃、呋喃-2,5-二甲醛、呋喃-2,5-二羧酸在工业应用中分别可以替代哪些化学组分。

第7章 先进精细化工技术

7.1 流动化学与流式反应器技术

与在精细化工中广泛使用的釜式间歇系统不同，复杂的管道反应系统具有连续操作、自动控制、产量大的特点，在基础化工生产中应用广泛。但是在精细化工生产中，由于产品产量较小，产品迭代更新快，长期以来复杂的管道反应系统没有得到应用。近年来，随着化工生产安全、环保要求的不断提高，以及化工控制自动化甚至智能化的发展，以微通道反应器和流式反应器等为代表的微型化、自动化管道反应系统逐渐在精细化工的科研和生产中得到应用，已成为精细化工技术的前沿（图7-1）。2019年国际纯粹与应用化学联合会（IUPAC）将流动化学评选为年度10大新兴化学技术之一。

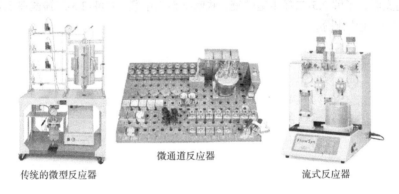

传统的微型反应器　　　　微通道反应器　　　　流式反应器

图7-1　常见的实验室连续反应器

（1）微通道反应器

微通道反应器（microreactor）是指利用精密微加技术制造的具有微米级通道的芯片式集成管道反应器系统。由于国内传统上将实验室用于化工固相催化剂评价的小型固定床或流化床反应器称为微反应器，因此为了区分，将 microreactor 译为微通道反应器。因此本质上微通道反应器就是通过蚀刻、光刻和微机械加工等技术在不锈钢、玻璃、硅片或有机聚合物等材料上形成的通道尺寸在 $10 \sim 1000\mu m$ 的一种连续流动管道式反应装置。微通道反应器的材质和通道的形状对其性能有显著影响。常见的材质是不锈钢和玻璃，通道形状有矩形、梯形、心形以及各种不规则形状等。不锈钢材质的微通道反应器适用于高温高压反应，而由特种玻璃材质制成的反应器则具有优良抗腐蚀性能，易于观察化学反应过程中的变化，特别适用于光化学反应。总体而言，微通道反应器有以下一些特点。

① 高效传质　反应器中微通道的空间小，物料的扩散距离短；配合加压，传质速率快，在流动过程中瞬间即可充分混合。高效的传质使反应得以瞬间按配比精确混合，并立即传递到下一步，特别适用于要求严格按比例投料的反应。

② 高效传热　微通道的比表面积大，热交换效率高，即使是激烈的放热反应中瞬间释放出的大量反应热也能被及时移出，维持反应温度在合适的范围内。精确的温度控制消除了常规反应器中的反应局部过热现象，特别适用于对反应温度敏感的易失控反应，即一些不达到某一温度反应不能引发，而稍微高于这一温度则反应很容易失控的反应。

③ 精确控时　在微通道反应器中采用连续流动的方式进行反应，可以通过调节流速和微通道的长度精确控制物料的停留时间，甚至可使活性中间产物在分解前就进入下一步反应，有效抑制各种副反应，特别适合反应速率快、存在连串副反应的合成过程。

④ 安全环保　在微通道反应器中进行工艺开发时，反应物用量少，能减少有毒、有害物质的使用和产生。单个微通道反应器的体积很小，反应器之间相互独立控制，不存在大体积反应器的安全隐患。因此，微通道反应器是一种安全环保的化工技术开发与生产平台。

⑤ 数增放大与柔性生产　虽然单个微通道反应器的体积和产量小，但是可以通过增加数量来实现放大。由于避免了体积放大带来的放大效应，所以利用微通道反应器技术进行生产时不需要对小试得到的反应条件作任何改变就可以直接进行生产，不存在反应器体积增大导致的放大效应，因此可大幅度缩短产品由实验室到市场的时间。通过简单改变微通道反应器的数量即可调节生产能力，因此微通道反应器具有极高的操作弹性，可根据相关产品的市场供需情况实时增减反应器数量来调节生产，对于市场变化快、产品种类多、产量小、工艺技术发展迅速的精细化工行业意义重大。

（2）流式反应器

微通道反应器固有的最大缺点是固体物料在微通道里难以传递。如果反应中使用固体原料、催化剂或者有大量固体产生，则微通道极易被堵塞，导致反应无法进行，甚至反应器损坏。另外，微通道反应器的体积微小，进行大规模生产时需要反应器的数量巨大，连接和集成并不容易。为了克服微通道反应器的这些固有缺点，同时尽可能保留其高效传质传热、精确控时、安全环保及数增放大与柔性生产的特点，化学装备工程师们将传统的小型固定床或流化床反应器与微通道反应器结合推出了流式反应器系统。

除了商业化的各种流式反应器外，采用常规实验室反应仪器设备也可以搭建流式反应系统，虽然自动化程度和通用性难以与价格昂贵的商业化仪器相比，但基本原理并没有区别，特别适合教学使用。

实验58　流动条件下羟甲基呋喃甲醛的合成

一、实验目的

1. 在流动条件下由果糖合成羟甲基呋喃甲醛；
2. 验证流动合成的原理和特点；
3. 学习搭建简易流动反应系统。

二、实验原理

相比于间歇操作，流动合成具有显著优势，例如更好的温度控制、精确的反应时间、更高的安全性等。近年来，随着计算机控制的小型流式反应器的商业化，流动合成作为传统间歇操作的替代技术得到了快速应用，即使对于使用可再生碳水化合物原料这种前沿领域的有机合成也已经可以在流动条件下进行。本实验学习采用实验室常规仪器搭建流动反应系统，并在流动条件下由果糖合成羟甲基呋喃甲醛，以与间歇条件下（实验57）对照，验证流动化学的特点。

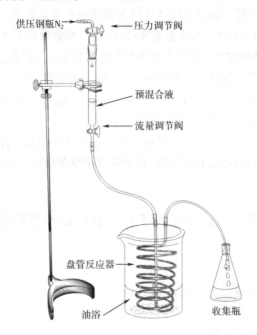

碳水化合物
盐酸溶液
有机溶剂

羟甲基呋喃甲醛

与实验57的间歇方法不同，流动反应系统中使用硫酸作为催化剂，在均相催化条件下进行。

三、主要仪器和试剂

仪器：锥形瓶，磁搅拌棒，电磁搅拌器，氮气或空气钢瓶，色谱柱，玻璃或不锈钢盘管，油浴，砂芯漏斗，旋转蒸发仪，精密 pH 试纸。

试剂：四乙基溴化铵，果糖，5%硫酸，碳酸氢钠，无水乙醇，乙酸乙酯。

四、实验步骤

1. 流动反应系统的搭建与测试

① 将氮气（空气）钢瓶与色谱柱连接，作为推动力以进行流速的控制，再用耐热真空管连接到盘管入口，将盘管浸入油浴中，出口用耐热真空管连接到收集瓶，如图7-2所示。

供压钢瓶N₂
压力调节阀
预混合液
流量调节阀
盘管反应器
油浴
收集瓶

图7-2 流动反应系统实验装置示意图

② 将每个接口用自锁式尼龙扎带（或金属抱箍）扎紧，防止热膨胀松脱。在色谱柱中加入一定量乙醇，调节钢瓶压力和色谱柱下端流量调节阀，以达到目标流动速度与流量。

2. 流动反应

① 在 250mL 锥形瓶中装入 18g 四乙基溴化铵、2g 果糖和 6mL 5%H_2SO_4，室温下磁力搅

拌混合物，直到形成均匀溶液为止。

② 开启油浴，加热至 90℃ 左右，保持稳定。

③ 将步骤①中制备的混合液转移到色谱柱中，通过压力调节阀控制压缩氮气压力，配合调节色谱柱下流量调节阀使排放口的流量为约 1 滴/2～3s（约 1mL/min）。流出的反应混合物收集在 50mL 锥形瓶中。

④ 当反应液全部流出后，移开锥形瓶，将反应混合物冷却至室温。如有必要，可以将反应混合物再次加入色谱柱，进行二次流动反应。

⑤ 停止加热，关闭气体钢瓶阀门，撤除装置。

⑥ 用固体碳酸氢钠中和收集的反应液至 pH=7。加入 100mL 无水乙醇，过滤除去形成的硫酸钠，用旋转蒸发仪除去溶剂，得到固体。

⑦ 用 50mL 的乙酸乙酯洗涤所得的固体，抽滤，收集滤液。

⑧ 滤饼用最少量（6mL 左右）无水乙醇加热完全溶解。在剧烈搅拌下，将 300mL 乙酸乙酯添加到热的乙醇溶液中，抽滤出生成的沉淀，回收四乙基溴化铵，收集滤液。

⑨ 用装有 10g 硅胶的砂芯漏斗，将步骤⑦和步骤⑧的溶液混合，并过滤以除尽残留的四乙基溴化铵。

⑩ 在旋转蒸发仪上除去溶剂，得到羟甲基呋喃甲醛，称重，计算产率。

五、注意事项

1. 起始混合物的溶解较慢，但不能加热，否则部分反应可能先发生。

2. 实验中流量控制很重要，流速太快可能反应时间不够，或导致较低的产率；如果流速太慢，反应时间太长，生成杂质，导致产品纯度降低。

3. 羟甲基呋喃甲醛对酸和碱都不稳定，因此中和至 pH=7 要控制好，应使用精密 pH 试纸跟踪 pH 值。

六、思考题

1. 与间歇操作相比，流动合成在实验室和工业应用方面的特点有哪些？

2. 除了流速，还有什么途径可以调节反应物在体系中的停留时间？

3. 如果单程转化率低，不改变设定条件的情况下，怎么提高总转化率？

7.2 超临界流体萃取

超临界萃取技术是精细化工分离中最先进的技术之一，是利用超临界条件下的流体作萃取剂，从固体或液体中提取出待分离的高沸点或热敏性物质的新型萃取技术。超临界流体（SF）是处于临界温度（T_c）和临界压力（p_c）以上以流体形式存在的物质。超临界流体不同于常规的气体和液体，具有许多独特性质：①扩散系数虽然比气体小，但比液体高一个数量级；②黏度接近气体而密度却类似液体，且压力的细微变化可导致其密度显著变动；③压力或温度的改变均可导致相变；④类似液体，具有良好的溶解能力。

与传统液体萃取相比，超临界流体萃取有以下明显技术优势：①超临界流体不仅具有良好的溶解能力，而且可通过温度、压力的改变调节，因而超临界流体萃取具有可调控的选择性；②压力或温度的改变均可导致相变；③萃取剂容易分离回收；④超临界流体传质系数大，可大大缩短分离时间。

常用的超临界流体有二氧化碳、氨、乙烯、乙烷、丙烷、乙醇和水等。但是作为萃取溶剂的超临界流体最好具备以下条件：①应具有良好的化学稳定性，对设备无腐蚀性；②临界温度不能太高或太低，最好在室温附近；③操作温度应低于被萃取溶质的变性温度；④为减小能耗，临界压力也不能太高；⑤溶解度良好，可减少溶剂的循环量；⑥廉价易得。

超临界流体萃取装置一般包括高压泵及流体系统、萃取池系统和收集系统三个部分（图 7-3）。超临界流体萃取的典型流程主要有等温法和等压法两种，另外吸附法也有应用。

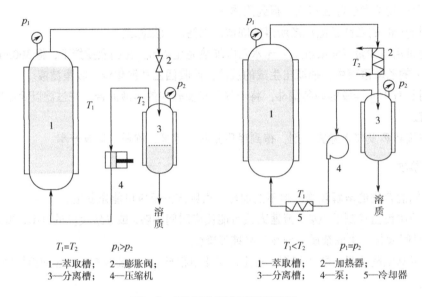

$T_1 = T_2$　　　$p_1 > p_2$
1—萃取槽；　2—膨胀阀；
3—分离槽；　4—压缩机

$T_1 < T_2$　　　$p_1 = p_2$
1—萃取槽；　2—加热器；
3—分离槽；　4—泵；　5—冷却器

图 7-3　超临界流体萃取流程示意图

等温法超临界流体萃取流程中温度保持不变，萃取液经过减压，萃取剂汽化并与溶质分离，经过加压再转化为超临界流体，循环萃取。等压法则压力不变，通过提高温度汽化萃取剂，与溶质分离，经过冷却降温再转化为超临界流体，循环萃取。可见等压法过程类似于常规萃取，由于存在加热过程，对一些热敏感成分的提取可能不适用。

实验 59　超临界 CO_2 萃取天然香料

一、实验目的

1. 验证超临界萃取的原理和特点；
2. 学习超临界二氧化碳萃取装置的操作。

二、实验原理

超临界流体的密度接近液体，黏度接近气体，扩散系数大，黏度小，介电常数大，十分适合作为萃取溶剂。超临界萃取利用高压和适当温度下的超临界流体作为溶剂在萃取缸中溶解溶质，然后在分离器中通过改变操作条件使溶解物析出，以达到分离的目的。由于二氧化碳的临界温度、临界压力较易达到，而且化学性质稳定，无毒、无臭、无色、无腐蚀性，容易得到高纯产品，因此是最常用的天然活性成分的超临界萃取用流体。超临界二氧化碳萃取具有以下特点。

① 二氧化碳无毒、无味，不燃，价廉易得，且易于循环使用。

② 操作范围广，便于调节。

③ 对有机物溶解性好，萃取速率快，选择性好，操作温度低，可在接近室温条件下进行萃取，对于热敏性成分破坏小。

④ 萃取过程中排除了氧气，避免了氧化，更能够保持萃取物的特性。

目前，超临界二氧化碳萃取技术在中草药有效成分、香精香料和天然色素等天然产物提取和食品、生物、化学工业生产以及环境保护方面都已经得到广泛应用。本实验利用超临界二氧化碳萃取技术从植物中提取天然香料。

三、主要仪器和试剂

仪器：超临界二氧化碳萃取装置，天平，筛子，烘箱，粉碎机，二氧化碳气体钢瓶。

试剂：干薰衣草、干茶叶或干艾叶等。

四、实验步骤

① 取 500 ~ 600g 干香草（干薰衣草、干茶叶或干艾叶），切成小段，再用粉碎机粉碎，过 20 目筛，得干粉。

② 如图 7-4 所示，将干粉加入萃取釜 E。

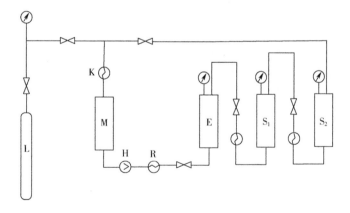

图7-4　超临界二氧化碳萃取流程图

L—钢瓶（CO₂）；K—冷凝器；M—储罐；H—高压泵；R—换热器；E—萃取釜；S₁/S₂—分离釜

③ 二氧化碳由高压泵 H 加压至 30MPa，经过换热器 R 加热至 35℃，达到超临界状态。通过萃取釜后，进入第一级分离釜 S₁，经减压至 4 ~ 6MPa，升温至 45℃。由于压力降低，超临界 CO_2 密度减小，溶解能力降低，部分有机物析出。CO_2 在第二级分离釜 S₂ 中经进一步减压，水分和脂肪酸等溶质全部析出（纯化 CO_2）。溶剂 CO_2 由冷凝器冷凝，经储罐进入循环。

④ 每隔 1h 从分离釜中取出萃取物，并称重，测定水分。

五、注意事项

实验开始前，要熟悉超临界二氧化碳萃取装置的操作，严格按规程操作。

六、思考题

1. 与索氏萃取相比，超临界萃取有什么优势？
2. 干香草粉碎的目的是什么？新鲜香草能否直接萃取？

附　录

附录1　常用有机溶剂的纯化

1. 醚类溶剂

乙醚

乙醚沸点 34.5℃，折射率 1.3526，相对密度 0.71。市售无水乙醚中常含有少量水，久存的乙醚常含有少量过氧化物。水的存在用无水硫酸铜检验，过氧化物可利用过氧化物氧化碘化钾生成单质碘，再用淀粉溶液显色进行检验，利用硫酸亚铁水溶液还原除去。

（1）过氧化物的检测

在干净的试管中放入 2～3 滴浓硫酸、1mL 2%碘化钾溶液和 1～2 滴淀粉溶液，混合均匀后加入乙醚，出现蓝色即表示有过氧化物存在。

（2）水的检测

在干燥试管中放入约 0.1g 白色无水硫酸铜粉末，加入 1～2mL 乙醚，振荡后如果硫酸铜粉末变蓝则表示有水存在。实际上，用金属钠法进行乙醚精制的操作中，一般往溶液中加入微量二苯甲酮。当乙醚中的水分完全被除去后，无色二苯甲酮与过量的金属钠发生作用生成蓝色的二苯甲酮负离子自由基钠盐。因此，只要乙醚溶液变成蓝色，说明溶液已完全无水。

$$\begin{array}{c} Ph \\ Ph \end{array}C{=}O \xrightarrow{Na} \left[\begin{array}{c} Ph \\ \overset{\centerdot}{C}{-}O^{-} \\ Ph \end{array}\right] Na^{+}$$

（3）无水乙醚的精制

① 取一干燥的 250mL 圆底烧瓶固定在铁架台上，下方留出放电加热套的空间。往烧瓶内加入 150mL 市售无水乙醚、4～5g 新压制的钠丝和 3～4g 二苯甲酮。

② 将圆底烧瓶装上溶剂接收球和球形冷凝管，冷凝管用铁夹子固定在同一铁架台上。冷凝管上方接上具活塞三通接头，分别连接氮气源和油封。

③ 打开氮气阀门，转动活塞接头，使氮气与体系相通，并保持氮气正压，油封有气泡缓慢鼓出。接通冷凝水，开通电加热套电源使乙醚回流。

④ 溶剂接收球活塞通向圆底烧瓶，使冷凝的乙醚重新回到圆底烧瓶中。保持乙醚沸腾直至乙醚溶液变蓝。

⑤ 关闭溶剂接收球活塞，开始收集乙醚至 130mL 左右，这时使圆底烧瓶中有 20～30mL 的液体。注意不能将烧瓶内所有乙醚蒸干，否则容易发生危险。

⑥ 关闭电加热套电源，保持体系氮气正压，冷却至室温，溶剂转移到储存容器中，并在压钠机上压出约 2g 钠丝，密封避光保存备用。

⑦ 过量金属钠及残余物的处理。移走电加热套，换成电磁搅拌器，将盛有残余金属钠的烧瓶置于空的 500mL 结晶皿中。开动搅拌，保持体系氮气正压气氛，取 95%乙醇 50mL，加入溶剂接收球，转动活塞，缓慢将乙醇加入烧瓶中，蓝色褪去，有气体放出。搅拌至溶解完全，观察是否残留有固体，如有继续补加乙醇，至完全消失，醇钠溶液收集至碱性废液回收

容器。

二氧六环

沸点 101.3℃，熔点 12℃，折射率 1.4243，相对密度 1.0336。二氧六环能与水任意混合，常含有少量二乙醇缩醛与水，久贮的二氧六环可能含有过氧化物。

二氧六环的纯化方法：在 500mL 二氧六环中加入 8mL 浓盐酸和 50mL 水，回流 6~10h，在回流过程中，慢慢通入氮气以除去生成的乙醛。冷却后，加入固体氢氧化钾，直到不能再溶解为止，分去水层，再用固体氢氧化钾干燥 24h。过滤后，类似乙醚的除水，在 Schlenk 溶剂处理系统上以金属钠/二苯甲酮体系处理，压入钠丝密封保存。精制过的二氧六环应当避免与空气接触。

2. 烃类溶剂

石油醚

石油醚为轻质石油产品，是低分子量烷烃类的混合物。其沸程为 30~150℃，收集的温度区间一般为 30℃左右。有 30~60℃、60~90℃、90~120℃等沸程规格的石油醚。其中含有少量不饱和烃，沸点与烷烃相近，用蒸馏法无法分离。

石油醚的精制：通常将石油醚用一定量浓硫酸洗涤 2~3 次，再用 10%硫酸加入高锰酸钾配成的饱和溶液洗涤，直至水层中的紫色不再消失为止。然后再用水洗，经无水氯化钙干燥后蒸馏。若需绝对干燥的石油醚，类似乙醚的除水，在 Schlenk 溶剂处理系统上以金属钠/二苯甲酮体系处理。

苯

沸点 80.1℃，折射率 1.5011，相对密度 0.87865。普通苯常含有少量水和噻吩，噻吩沸点 84℃，与苯接近，不能用蒸馏的方法除去。

噻吩的检验：取 1mL 苯，加入 2mL 溶有 2mg 吲哚醌的浓硫酸，振荡片刻，若酸层呈蓝绿色，即表示有噻吩存在。

噻吩和水的除去：将苯装入分液漏斗中，加入相当于苯 1/7~1/5 体积的浓硫酸，振摇使噻吩磺化，弃去酸液，再加入新的浓硫酸，重复操作几次，直到酸层呈现无色或淡黄色并检验无噻吩为止。

将上述无噻吩的苯依次用 10%碳酸钠溶液和水洗至中性，再用氯化钙干燥，然后进行蒸馏，收集 80℃的馏分。最后用金属钠脱去微量的水得无水苯。进一步除水，可在 Schlenk 溶剂处理系统上以金属钠/二苯甲酮体系处理。甲苯的除水可以用类似的方法进行。

3. 氯代烷烃

由于 C—Cl 键的反应性，所有氯代溶剂都不能用金属钠干燥。

二氯甲烷

沸点 40~42℃，折射率 1.4242，相对密度 1.3266。二氯甲烷比氯仿毒性低，因此常常用它代替氯仿作为比水密度大的萃取剂。普通的二氯甲烷一般都能直接作萃取剂。如需纯化，可用 5%碳酸钠溶液洗涤，再用水洗涤，然后用无水氯化钙干燥，氢化钙回流，蒸馏收集 40~42℃的馏分，保存在棕色瓶中备用。

氯仿

沸点 61.7℃，折射率 1.4459，相对密度 1.4832。氯仿在日光下易氧化成氯气、氯化氢和光气（剧毒），故氯仿应贮于棕色瓶等避光容器中。市场上供应的氯仿多用 1%酒精作稳定剂，以消除产生的光气。氯仿中乙醇的检验可用碘仿反应，游离氯化氢的检验可用硝酸银的醇溶液。

除去乙醇可将氯仿用其 1/2 体积的水振摇数次，分离下层的氯仿，用氯化钙干燥，然后蒸馏。另一种纯化方法是将氯仿与少量浓硫酸一起振动两三次。每 200mL 氯仿用 10mL 浓硫酸，分去酸层以后的氯仿用水洗涤，氯化钙干燥，然后蒸馏。除去乙醇后的无水氯仿应保存在棕色瓶中并避光存放。

四氯化碳

沸点 76.8℃，折射率 1.4603，相对密度 1.595。四氯化碳中二硫化碳可达 4%。纯化时，可将 1000mL 四氯化碳与含有 60g 氢氧化钾、60mL 水、100mL 乙醇的溶液混在一起，在 50～60℃时振摇 30min，然后水洗，再将此四氯化碳按上述方法重复操作一次（氢氧化钾的用量减半）。四氯化碳中残余的乙醇可以用氯化钙除掉。最后将四氯化碳用氯化钙干燥，过滤，蒸馏收集 76℃馏分。四氯化碳不能用金属钠干燥，否则有爆炸危险。

4. 其他溶剂

乙酸乙酯

沸点 77.1℃，折射率 1.3723，相对密度 0.9003。乙酸乙酯一般含量为 95%～98%，含有少量水、乙醇和乙酸。可用下法纯化：于 1000mL 乙酸乙酯中加入 100mL 乙酸酐、10 滴浓硫酸，加热回流 4h，除去乙醇和水等杂质，然后进行蒸馏。馏出液用 20～30g 无水碳酸钾振荡，再蒸馏。产物沸点为 77℃，纯度可达 99%以上。

二甲基亚砜

沸点 189℃，熔点 18.5℃，折射率 1.4783，相对密度 1.100。二甲基亚砜能与水混合，可用分子筛长期放置加以干燥。然后减压蒸馏，收集 76℃/12mmHg 馏分。蒸馏时，温度不可高于 90℃，否则会发生歧化反应生成二甲砜和二甲硫醚。也可用氧化钙、氢化钙、氧化钡或无水硫酸钡来干燥，然后减压蒸馏。

二甲基亚砜与某些物质混合时可能发生爆炸，如氢化钠、高碘酸或高氯酸镁等，应予注意。

二硫化碳

沸点 46.3℃，折射率 1.6319，相对密度 1.2632。二硫化碳为有毒化合物，能使血液与神经组织中毒。具有高度的挥发性和易燃性，因此使用时应避免与其蒸气接触。对二硫化碳纯度要求不高的实验，在二硫化碳中加入少量无水氯化钙干燥几小时，在 55～65℃水浴下加热蒸馏、收集。

丙酮

沸点 56.2℃，折射率 1.3588，相对密度 0.7899。普通丙酮常含有少量的水及甲醇、乙醛等还原性杂质。一般处理主要是除去还原性杂质，有高锰酸钾法和硝酸银法。

高锰酸钾法：于 250mL 丙酮中加入 2.5g 高锰酸钾回流，若高锰酸钾紫色很快消失，再加入少量高锰酸钾继续回流，至紫色不褪为止。然后将丙酮蒸出，用无水碳酸钾或无水硫酸钙干燥，过滤后蒸馏，收集 55～56.5℃的馏分。用此法纯化丙酮时，须注意丙酮中含还原性物质不能太多，否则会过多消耗高锰酸钾和丙酮，使处理时间增长。

硝酸银法：将 100mL 丙酮装入分液漏斗中，先加入 4mL 10%硝酸银溶液，再加入 3.6mL 1mol/L 氢氧化钠溶液，振摇 10min，分出丙酮层，再加入无水硫酸钾或无水硫酸钙进行干燥。最后蒸馏收集 55～56.5℃的馏分。此法比第一种方法要快，但硝酸银较贵，只宜做小量纯化用。

吡啶

沸点115.5℃，折射率1.5095，相对密度0.9819。分析纯的吡啶含有少量水分，可供一般实验用。如要制得无水吡啶，可将吡啶与氢氧化钾（钠）一同回流，然后隔绝潮气蒸出备用。干燥的吡啶吸水性很强，保存时应将容器口用石蜡封好。

附录2 部分水–有机二元及三元共沸混合物的组成及沸点

二元共沸物		有机组分沸点/℃	共沸物性质	
	有机组分		沸点/℃	有机组分/%
水	乙醇	78.5	78.2	95.6
水	正丙醇	97.2	88.1	71.8
水	正丁醇	117.7	93.0	55.5
水	苯	80.1	69.4	91.1
水	甲苯	110.6	85.0	79.8
水	环己烷	81.4	69.8	91.5
水	甲酸	100.7	107.1	77.5
水	吡啶	115.5	72.6	57.0
水	乙腈	82.0	76.5	83.7
水	氯仿	61.2	56.3	97.0
水	异丁醇	108.4	89.7	70.0
水	叔丁醇	82.8	79.9	88.2
水	异戊醇	130.5	95.2	50.4
水	环己醇	161.5	97.8	20.0
水	乙醚	34.6	34.2	98.8
水	正丁醚	142.0	94.1	66.6
水	二氧六环	101.3	87.8	81.6
水	丁酮	79.6	73.4	88.0
水	环己酮	155.4	95.0	38.4
水	乙酸乙酯	77.2	70.4	91.9
水	乙酸异戊酯	117.2	87.5	80.5

三元共沸物组分			有机组分沸点/℃		沸点/℃	共沸物组分质量分数/%		
	A	B	A	B		水	A	B
水	乙醇	苯	78.5	80.1	64.6	7.4	18.5	74.1
水	乙醇	乙酸乙酯	78.5	77.1	70.2	9.0	8.4	82.6
水	乙醇	环己烷	78.5	81.0	62.1	7.0	17.0	76.0
水	乙醇	甲苯	78.5	110.6	74.4	12.0	37.0	51.0
水	乙醇	氯仿	78.5	61.2	55.5	3.5	4.0	92.5
水	乙醇	乙腈	78.5	82.0	72.9	1.0	55.0	44.0
水	乙醇	四氯化碳	78.5	76.8	61.8	3.4	86.3	10.3
水	正丙醇	乙酸乙酯	97.2	77.1	82.2	21.0	19.5	59.5
水	正丙醇	正丙醚	97.2	91.0	74.8	11.7	20.2	68.1
水	异丙醇	甲苯	82.3	110.6	76.3	13.1	38.2	48.7
水	异丙醇	环己烷	82.3	81.0	66.1	7.5	71.0	21.5
水	正丁醇	乙酸丁酯	117.7	126.5	90.7	37.3	27.4	35.3
水	正丁醇	正丁醚	117.7	142.0	90.6	29.9	34.6	34.5
水	丙酮	氯仿	56.2	61.2	60.4	4.0	38.4	57.6
水	苯	乙腈	80.1	82.0	66.0	8.2	68.5	23.3

附录3 液体沸点与压力转换图

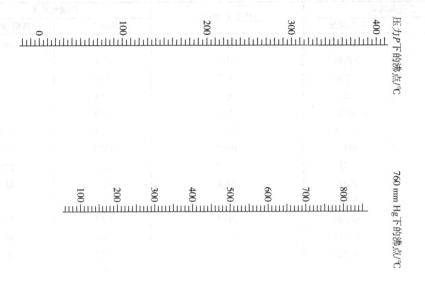

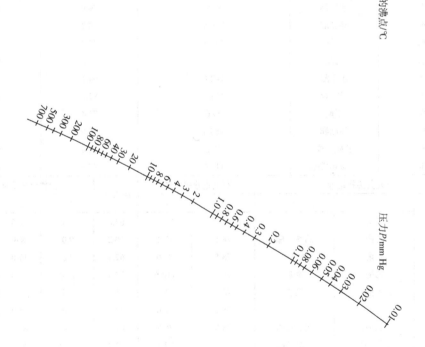

参考文献

[1] 王巧纯. 精细化工专业实验. 北京: 化学工业出版社, 2008.

[2] [英] 罗伯茨, [英] 普瓦尼昂. 精细化学品的催化合成: 水解、氧化和还原. 唐培堃, 冯亚青, 张天永, 译. 北京: 化学工业出版社, 2005.

[3] 王慎敏, 巩桂芬. 日用洗涤剂: 配方·示例·工艺. 北京: 化学工业出版社, 2011.

[4] 张友兰. 有机精细化学品合成及应用实验. 北京: 化学工业出版社, 2004.

[5] 刘华, 胡冬华. 有机化学实验教程. 北京: 清华大学出版社, 2014

参考文献

元素周期表

IUPAC 2013

图例说明

氧化态(单质的氧化态为0, 未列入; 常见的为红色)

以 $^{12}C=12$ 为基准的原子量 (注▲的是半衰期最长同位素的原子量)

示例：
- 氧化态: +2 +3 +4 +5 +6
- 95 — 原子序数
- Am — 元素符号(红色的为放射性元素)
- 镅 — 元素名称(注▲的为人造元素)
- $5f^7 7s^2$ — 价层电子构型
- 243.06138(2)▲ — 素的原子量

分区: s区元素 | p区元素 | d区元素 | ds区元素 | f区元素 | 稀有气体

电子层: K; L K; M L K; N M L K; O N M L K; P O N M L K; Q P O N M L K

原子序数	符号	名称	价层电子构型	原子量	氧化态
1	H	氢	$1s^1$	1.008	-1, +1
2	He	氦	$1s^2$	4.002602(2)	
3	Li	锂	$2s^1$	6.94	+1
4	Be	铍	$2s^2$	9.0121831(5)	+2
5	B	硼	$2s^2 2p^1$	10.81	+3
6	C	碳	$2s^2 2p^2$	12.011	-4, +2, +4
7	N	氮	$2s^2 2p^3$	14.007	-3, -2, -1, +1, +2, +3, +4, +5
8	O	氧	$2s^2 2p^4$	15.999	-2, -1
9	F	氟	$2s^2 2p^5$	18.998403163(6)	-1
10	Ne	氖	$2s^2 2p^6$	20.1797(6)	
11	Na	钠	$3s^1$	22.98976928(2)	+1
12	Mg	镁	$3s^2$	24.305	+2
13	Al	铝	$3s^2 3p^1$	26.9815385(7)	+3
14	Si	硅	$3s^2 3p^2$	28.085	-4, +2, +4
15	P	磷	$3s^2 3p^3$	30.973761998(5)	-3, +1, +3, +5
16	S	硫	$3s^2 3p^4$	32.06	-2, +2, +4, +6
17	Cl	氯	$3s^2 3p^5$	35.45	-1, +1, +3, +5, +7
18	Ar	氩	$3s^2 3p^6$	39.948(1)	
19	K	钾	$4s^1$	39.0983(1)	+1
20	Ca	钙	$4s^2$	40.078(4)	+2
21	Sc	钪	$3d^1 4s^2$	44.955908(5)	+3
22	Ti	钛	$3d^2 4s^2$	47.867(1)	-1, +2, +3, +4
23	V	钒	$3d^3 4s^2$	50.9415(1)	-1, +2, +3, +4, +5
24	Cr	铬	$3d^5 4s^1$	51.9961(6)	-2, -1, +1, +2, +3, +4, +5, +6
25	Mn	锰	$3d^5 4s^2$	54.938044(3)	-3, -2, -1, +1, +2, +3, +4, +5, +6, +7
26	Fe	铁	$3d^6 4s^2$	55.845(2)	-2, -1, +1, +2, +3, +4, +5, +6
27	Co	钴	$3d^7 4s^2$	58.933194(4)	-1, +1, +2, +3, +4, +5
28	Ni	镍	$3d^8 4s^2$	58.6934(4)	-1, +1, +2, +3, +4
29	Cu	铜	$3d^{10} 4s^1$	63.546(3)	+1, +2, +3
30	Zn	锌	$3d^{10} 4s^2$	65.38(2)	+2
31	Ga	镓	$4s^2 4p^1$	69.723(1)	+1, +3
32	Ge	锗	$4s^2 4p^2$	72.630(8)	-4, +2, +4
33	As	砷	$4s^2 4p^3$	74.921595(6)	-3, +3, +5
34	Se	硒	$4s^2 4p^4$	78.971(8)	-2, +2, +4, +6
35	Br	溴	$4s^2 4p^5$	79.904	-1, +1, +3, +5, +7
36	Kr	氪	$4s^2 4p^6$	83.798(2)	+2
37	Rb	铷	$5s^1$	85.4678(3)	+1
38	Sr	锶	$5s^2$	87.62(1)	+2
39	Y	钇	$4d^1 5s^2$	88.90584(2)	+3
40	Zr	锆	$4d^2 5s^2$	91.224(2)	+1, +2, +3, +4
41	Nb	铌	$4d^4 5s^1$	92.90637(2)	-1, +2, +3, +4, +5
42	Mo	钼	$4d^5 5s^1$	95.95(1)	-2, -1, +1, +2, +3, +4, +5, +6
43	Tc	锝	$4d^5 5s^2$	97.90721(3)▲	-3, -1, +1, +2, +3, +4, +5, +6, +7
44	Ru	钌	$4d^7 5s^1$	101.07(2)	-2, +1, +2, +3, +4, +5, +6, +7, +8
45	Rh	铑	$4d^8 5s^1$	102.90550(2)	-1, +1, +2, +3, +4, +5, +6
46	Pd	钯	$4d^{10}$	106.42(1)	+2, +4
47	Ag	银	$4d^{10} 5s^1$	107.8682(2)	+1, +2, +3
48	Cd	镉	$4d^{10} 5s^2$	112.414(4)	+2
49	In	铟	$5s^2 5p^1$	114.818(1)	+1, +3
50	Sn	锡	$5s^2 5p^2$	118.710(7)	-4, +2, +4
51	Sb	锑	$5s^2 5p^3$	121.760(1)	-3, +3, +5
52	Te	碲	$5s^2 5p^4$	127.60(3)	-2, +2, +4, +6
53	I	碘	$5s^2 5p^5$	126.90447(3)	-1, +1, +3, +5, +7
54	Xe	氙	$5s^2 5p^6$	131.293(6)	+2, +4, +6
55	Cs	铯	$6s^1$	132.90545196(6)	+1
56	Ba	钡	$6s^2$	137.327(7)	+2
57~71	La~Lu	镧系			
72	Hf	铪	$5d^2 6s^2$	178.49(2)	+4
73	Ta	钽	$5d^3 6s^2$	180.94788(2)	-1, +2, +3, +4, +5
74	W	钨	$5d^4 6s^2$	183.84(1)	-2, -1, +1, +2, +3, +4, +5, +6
75	Re	铼	$5d^5 6s^2$	186.207(1)	-3, -1, +1, +2, +3, +4, +5, +6, +7
76	Os	锇	$5d^6 6s^2$	190.23(3)	-2, -1, +1, +2, +3, +4, +5, +6, +7, +8
77	Ir	铱	$5d^7 6s^2$	192.217(3)	-3, -1, +1, +2, +3, +4, +5, +6
78	Pt	铂	$5d^9 6s^1$	195.084(9)	0, +1, +2, +3, +4, +5, +6
79	Au	金	$5d^{10} 6s^1$	196.966569(5)	-1, +1, +2, +3, +5
80	Hg	汞	$5d^{10} 6s^2$	200.592(3)	+1, +2
81	Tl	铊	$6s^2 6p^1$	204.38	+1, +3
82	Pb	铅	$6s^2 6p^2$	207.2(1)	+2, +4
83	Bi	铋	$6s^2 6p^3$	208.98040(1)	-3, +3, +5
84	Po	钋	$6s^2 6p^4$	208.98243(2)▲	-2, +2, +4, +6
85	At	砹	$6s^2 6p^5$	209.98715(5)▲	-1, +1, +3, +5, +7
86	Rn	氡	$6s^2 6p^6$	222.01758(2)▲	+2
87	Fr	钫	$7s^1$	223.01974(2)▲	+1
88	Ra	镭	$7s^2$	226.02541(2)▲	+2
89~103	Ac~Lr	锕系			
104	Rf	鑪	$6d^2 7s^2$	267.122(4)▲	+4
105	Db	𨧀	$6d^3 7s^2$	270.131(4)▲	
106	Sg	𨭎	$6d^4 7s^2$	269.129(3)▲	
107	Bh	𨨏	$6d^5 7s^2$	270.133(2)▲	
108	Hs	𨭆	$6d^6 7s^2$	270.134(2)▲	
109	Mt	鿏	$6d^7 7s^2$	278.156(5)▲	
110	Ds	鐽		281.165(4)▲	
111	Rg	錀		281.166(6)▲	
112	Cn	鎶		285.177(4)▲	
113	Nh	鉨		286.182(5)▲	
114	Fl	鈇		289.190(4)▲	
115	Mc	镆		289.194(6)▲	
116	Lv	鉝		293.204(4)▲	
117	Ts	鿬		293.208(6)▲	
118	Og	鿫		294.214(5)▲	

★ 镧系

原子序数	符号	名称	价层电子构型	原子量	氧化态
57	La	镧	$5d^1 6s^2$	138.90547(7)	+3
58	Ce	铈	$4f^1 5d^1 6s^2$	140.116(1)	+2, +3, +4
59	Pr	镨	$4f^3 6s^2$	140.90766(2)	+2, +3, +4
60	Nd	钕	$4f^4 6s^2$	144.242(3)	+2, +3, +4
61	Pm	钷	$4f^5 6s^2$	144.91276(2)▲	+3
62	Sm	钐	$4f^6 6s^2$	150.36(2)	+2, +3
63	Eu	铕	$4f^7 6s^2$	151.964(1)	+2, +3
64	Gd	钆	$4f^7 5d^1 6s^2$	157.25(3)	+1, +2, +3
65	Tb	铽	$4f^9 6s^2$	158.92535(2)	+1, +3, +4
66	Dy	镝	$4f^{10} 6s^2$	162.500(1)	+2, +3, +4
67	Ho	钬	$4f^{11} 6s^2$	164.93033(2)	+3
68	Er	铒	$4f^{12} 6s^2$	167.259(3)	+3
69	Tm	铥	$4f^{13} 6s^2$	168.93422(2)	+2, +3
70	Yb	镱	$4f^{14} 6s^2$	173.045(10)	+2, +3
71	Lu	镥	$4f^{14} 5d^1 6s^2$	174.9668(1)	+3

★ 锕系

原子序数	符号	名称	价层电子构型	原子量	氧化态
89	Ac	锕	$6d^1 7s^2$	227.02775(2)▲	+3
90	Th	钍	$6d^2 7s^2$	232.0377(4)	+3, +4
91	Pa	镤	$5f^2 6d^1 7s^2$	231.03588(2)	+3, +4, +5
92	U	铀	$5f^3 6d^1 7s^2$	238.02891(3)	+3, +4, +5, +6
93	Np	镎	$5f^4 6d^1 7s^2$	237.04817(2)▲	+3, +4, +5, +6, +7
94	Pu	钚	$5f^6 7s^2$	244.06421(4)▲	+3, +4, +5, +6, +7
95	Am	镅	$5f^7 7s^2$	243.06138(2)▲	+2, +3, +4, +5, +6
96	Cm	锔	$5f^7 6d^1 7s^2$	247.07035(3)▲	+3, +4
97	Bk	锫	$5f^9 7s^2$	247.0703(14)▲	+3, +4
98	Cf	锎	$5f^{10} 7s^2$	251.07959(3)▲	+2, +3, +4
99	Es	锿	$5f^{11} 7s^2$	252.0830(3)▲	+2, +3
100	Fm	镄	$5f^{12} 7s^2$	257.09511(5)▲	+2, +3
101	Md	钔	$5f^{13} 7s^2$	258.09843(3)▲	+2, +3
102	No	锘	$5f^{14} 7s^2$	259.1010(7)▲	+2, +3
103	Lr	铹	$5f^{14} 6d^1 7s^2$	262.110(2)▲	+3